Nekane Flisflisher

Expediente Flisflisher

EDICIONES OBELISCO

Si este libro le ha interesado y desea que le mantengamos informado
de nuestras publicaciones, escríbanos indicándonos qué temas son de su interés
(Astrología, Autoayuda, Ciencias Ocultas, Artes Marciales, Naturismo,
Espiritualidad, Tradición…) y gustosamente le complaceremos.

Puede consultar nuestro catálogo en www.edicionesobelisco.com

Colección Estudios y Documentos
Expediente Flisflisher
Nekane Flisflisher

1.ª edición: octubre de 2020

Corrección: *M.ª Jesús Rodríguez*
Maquetación: *Isabel Estrada*
Diseño de cubierta: *Enrique Iborra*

© 2020, Nekane Flisflisher
(Reservados todos los derechos)
© 2020, Ediciones Obelisco, S.L.
(Reservados los derechos para la presente edición)

Edita: Ediciones Obelisco, S.L.
Collita, 23-25. Pol. Ind. Molí de la Bastida
08191 Rubí - Barcelona - España
Tel. 93 309 85 25
E-mail: info@edicionesobelisco.com

ISBN: 978-84-9111-635-6
Depósito Legal: B-17.617-2020

Impreso en España en los talleres gráficos de Romanyà/Valls S.A.
Verdaguer, 1 - 08786 Capellades (Barcelona)

Printed in Spain

I

FANTASMAS Y EMBRUJOS

LURANCY VENNUM

La historia de Lurancy Vennum da comienzo a finales de la década de 1800. Por aquel entonces, la corriente espiritista se encontraba en su mayor apogeo y miles de personas creían ciegamente en ella. Según esta doctrina, creada en Francia a mediados del siglo XIX, los seres vivos podían comunicarse con los muertos empleando distintas técnicas: usando la tabla ouija, a través de trances e incluso mediante un sistema llamado «raps».

Los raps, ideados en 1848 por las hermanas Fox, eran un código a través del cual un espíritu podía responder a preguntas simples. Un golpe significaba no y dos golpes significaban sí. De este modo pretendían demostrar la existencia del mundo sobrenatural y, aunque años antes de morir, confesaron que todo su trabajo fue un fraude, este método se sigue utilizando en la actualidad.

En tiempos de las hermanas Fox, se había extendido la creencia de que algunas personas tenían el don innato de comunicarse con los muertos. Que sus cuerpos eran los receptores ideales para que las almas que se encontraban en el purgatorio atravesaran la barrera del tiempo y el espacio para regresar a la tierra unos instantes y hablar con sus seres queridos. Es en este punto cuando nos encontramos con el extraño caso de Lurancy Vennum.

Mary Lurancy Vennum nació el día 16 de abril de 1864 en Milford Township, en el condado de Iroquois, Illinois, siendo una de las hijas del matrimonio de Lurinda Jane y Thomas Jefferson Vennum. Desde siempre, según quienes la conocieron, fue una muchacha maravillosa. Era atenta, cariñosa y ayudaba en todas las labores del hogar.

Al poco de cumplir los 7 años de edad, su familia se mudó a una granja ubicada unos 11 kilómetros al sur de la ciudad de Watseka. Según varias fuentes consultadas, en esa ciudad, Lurancy fue muy feliz. Adoraba jugar con sus hermanos por todas partes. Subía y bajaba por las escaleras de su nuevo hogar a toda velocidad y se pasaba horas encerrada en el granero de la familia compartiendo secretos con su hermana mayor, Florence Isabel.

Sin embargo, tres meses después de cumplir los 13 años, todo cambió para ella.

La mañana del 6 de julio de 1877, al abrir los ojos con los primeros rayos del sol, Lurancy comenzó a gritar. Aquéllos eran los gritos más desgarradores que los Vennum habían escuchado en toda su vida, por lo que todos los miembros de la familia saltaron de sus camas y corrieron al encuentro de la muchacha. Es ahí cuando, entre sollozos, pronunció las siguientes palabras:

—Anoche había gente en mi cuarto y gritaban «¡Rancy! ¡Rancy!» –repitió ella, visiblemente alterada–. Pude sentir su aliento en mi cara.

Sus padres, al escuchar aquellas palabras, probablemente pensaron que la niña había sido víctima de un mal sueño. Quizás había sido más vívido que cualquier otro que hubiera tenido, pero, al fin y al cabo, no era más que eso: una pesadilla.

Lamentablemente, las cosas extrañas no habían hecho más que empezar. Y es que, una semana más tarde, la niña volvió a ser protagonista de un nuevo evento perturbador. Mientras cosía una vieja alfombra junto a su madre, posó una de sus delicadas manos sobre su frente, soltó la aguja y se puso en pie.

—Ma, no me encuentro bien –murmuró la joven–. Me siento muy rara.

Nada más pronunciar estas palabras, el cuerpo de la muchacha se puso totalmente rígido y, tras perder la conciencia, cayó al suelo. Durante más de cinco horas fue imposible despertarla. Probaron con todo:

llamándola por su nombre, humedeciendo su rostro con agua fresca, moviendo sus brazos… Lurancy estaba inmersa en un extraño sopor y, cuando por fin logró despertar, era incapaz de recordar lo que había sucedido.

A partir de entonces la muchacha sería víctima constante de esos extraños ataques. Podía estar riéndose a carcajadas, corriendo por el campo, hablando tranquilamente o incluso sentada en una silla y, sin previo aviso, su cuerpo se ponía rígido y perdía la conciencia. Cuando esto sucedía, su pulso se tornaba débil, su respiración lenta y su temperatura corporal bajaba drásticamente dándole la apariencia de un cadáver. Las primeras veces que esto sucedía Lurancy, simplemente, se quedaba inconsciente, pero el tiempo pasó y aquellos extraños desmayos se convirtieron en algo más siniestro. La muchacha se quedaba tumbada con los ojos cerrados y el cuerpo rígido y frío, pero sus labios se movían lentamente liberando extraños mensajes.

Cuando caía al suelo, su voz se quejaba de estar experimentando intensos dolores abdominales y, cuando los lamentos cesaban, la muchacha empezaba a hablar de unos seres a los que empezaba a ver en aquellos momentos. Seres a los que ella llamaba «ángeles». Poco a poco aquellos ataques fueron haciéndose más largos, hasta llegar a durar 8 horas. Ocho horas en las que la muchacha no abría los ojos por mucho que sus seres queridos intentaran despertarla.

Durante varios meses, numerosos especialistas estudiaron su caso. Entre ellos se encontraban los reputados doctores L. N. Pittwood y Jewett pero, lamentablemente, fueron incapaces de encontrar una explicación a lo que estaba sufriendo Lurancy Vennum y, simplemente, la declararon mentalmente enferma. Por ello, la única recomendación que podían darle a sus padres era que la enviaran al Hospital Estatal de Peoria, también conocido como Hospital Estatal de Bartonville o Asilo de Illinois para los Locos Incurables.

El matrimonio Vennum se negó en rotundo a enviar a su hija a aquel lugar. Habían oído hablar de los terribles tratamientos a los que sometían allí a los enfermos: de las bañeras de agua helada, de las camisas de fuerza que cortaban la respiración, del aislamiento… No querían ni tan siquiera plantearse la posibilidad de que su pequeña pasara por todo aquello pero, lamentablemente, los sueños de Lurancy se fueron tornando más y más oscuros.

La muchacha, con los ojos cerrados, imploraba la ayuda de sus padres. Juraba y perjuraba que extrañas sombras la perseguían por toda la casa. Describía habitaciones, pueblos y ciudades en las que nunca antes había estado y hablaba en idiomas extranjeros que nunca nadie le había enseñado.

Siempre que visitaba lugares desconocidos su comportamiento cambiaba completamente. Su voz y su forma de ser se tornaban distintas. Era como si Lurancy, temporalmente, perdiera el dominio de su cuerpo. Como si su alma abandonara el cuerpo y se lo prestara a otra persona.

«Tan sólo eran sueños», pensaréis. «Nada de qué preocuparse». Pero lo cierto es que, poco a poco, aquellos sueños se fueron tornando más y más reales. Cuando Lurancy abría los ojos, la actitud que presentaba en sueños persistía durante unos minutos más en el mundo real. Si en sueños gritaba, al despertar también lo hacía. Si en sueños su actitud había sido agresiva, al despertar, lo hacía sacudiendo los brazos y profiriendo todo tipo de maldiciones.

Al alcanzar Lurancy un estado tan preocupante, el reverendo B. M. Baker, ministro metodista de Watseka, en contra de los deseos de los padres de Lurancy, escribió al Hospital Estatal de Peoria presentando una solicitud para que la aceptaran entre sus pacientes.

La actitud de la muchacha era impredecible y sus padres ya no podían seguir conteniendo sus ataques. Por ello, tras verse presionados, decidieron que después de las vacaciones de Navidad se despedirían de ella y la enviarían al sanatorio.

Al principio la decisión fue llevada en secreto, pero, en un momento dado, los miembros de la familia Vennum comenzaron a transmitírsela a sus más allegados y aquello hizo que la noticia corriera como la pólvora. La historia de la muchacha que era capaz de viajar a lugares recónditos y hablar con distintas voces llegó a oídos de decenas de personas que creían en el espiritismo y que, como cabría de esperar, se organizaron para impedir que la chica fuera enviada al hospital.

El timbre de la residencia familiar, durante las siguientes semanas, no dejó de sonar ni una sola vez. Personas procedentes de todos los lugares pedían a los Vennum que no llevaran a la chica al hospital, pues lo que ella tenía no era una enfermedad sino un don que, si no era cuidado correctamente, podía llegar a acabar con su vida.

Al principio la familia no podía creérselo ya que ellos eran muy escépticos. No creían en lo sobrenatural y, por supuesto, tampoco creían que fuera posible que Lurancy pudiera comunicarse con fantasmas. Sin embargo, un día recibieron una visita que cambiaría para siempre su forma de ver las cosas: la del matrimonio Roff.

«Probablemente, hoy ningún hombre es más apreciado en la comunidad o goza de la confianza en medio del respeto de sus conciudadanos en un grado más completo que el tema de este bosquejo. Es generoso, justo, considerado e independiente. Practica lo que enseña, como saben sus vecinos, y deja que el amplio manto de la caridad cubra una multitud de fallas, en lugar de condenar con demasiada severidad a los que se equivocan». Declaraciones del doctor E. Winchester Stevens sobre Asa Berry Roff. *The Watseka Wonder: A Narrative of Startling Phenomena Occurring in the Case of Mary Lurancy Vennum*, 1879.

Ann y Asa Berry Roff vivían a escasos 200 metros de la casa de los Vennum y, al escuchar las historias que se contaban sobre su hija, no pudieron evitar llamar a su puerta. Los Roff eran una familia muy honrada y respetada por todos los habitantes de la ciudad. Asa era un humilde zapatero y su esposa un ama de casa. Sin embargo, tras aquella fachada de aparente normalidad, se escondía un matrimonio de espiritistas que creía fervientemente en la existencia de lo paranormal.

Doce años antes de que transcendiese el caso de los Vennum, los Roff habían perdido a una de sus hijas tras enviarla al asilo mental. La muchacha estaba experimentando lo mismo que Lurancy. Se veía inmersa en los mismos trances, hablaba del cielo y de los ángeles, cambiaba su voz y sabía cosas que nadie le había podido contar. Por ello, pidieron encarecidamente a los Vennum que no enviaran a su pequeña al hospital pues aquello, al igual que ocurrió con su hija, podría acabar con su vida.

—¿Y qué podemos hacer? –preguntarían los padres de la muchacha.

—Ayudarla a canalizar a los espíritus que quieren hablar a través de ella –responderían los Roff.

Según este peculiar matrimonio, Lurancy estaba sufriendo una forma de posesión muy peculiar. Múltiples almas perdidas intentaban invadir su cuerpo para enviar mensajes a los vivos y, si no escuchaban lo que tenían que decir, no la dejarían vivir en paz.

Los Vennum ya habían recurrido a todos los expertos en salud física y mental posibles e incluso habían pedido consejo a la Iglesia, pero todo había sido en vano. Así que decidieron, como último recurso, confiar en la ayuda que la familia Roff podía ofrecerles.

Los Roff no podían hacer mucho por sí mismos, pero, como espiritistas que eran, habían hecho contactos con personas entendidas en el tema y, entre ellas, se encontraba E. Winchester Stevens, un médico y espiritista de Janesville, Wisconsin.

Pasadas las vacaciones de Navidad, los Vennum rechazaron la plaza que Lurancy había conseguido en el hospital y concertaron una cita con el doctor con el que habían contactado por mediación de sus vecinos.

«Sólo será una simple revisión», debieron pensar. «El doctor la mirará y determinará si su extraña dolencia tiene cura».

Lamentablemente, lo que ellos creyeron que sería una simple revisión se convirtió en algo mucho más siniestro. Primeramente, el doctor E. Winchester Stevens, realizaba visitas a la joven. Pero más pronto que tarde se dio cuenta de que algo extraño sucedía en su interior. Estaba convencido de que Lurancy Vennum se encontraba inmersa en una auténtica posesión espiritual y llegó a calificar a la joven como una «auténtica médium».

Fue en aquel punto cuando decidió comenzar a someterla a distintos experimentos cuyos resultados quedaron plasmados en los artículos que publicaba en el periódico espiritualista *Religio Philosophical Journal*. Además, al año siguiente, publicaría su famosa obra *The Watseka Wonder: A Narrative of Startling Phenomena Occurring in the Case of Mary Lurancy Vennum*.

Según E. Winchester Stevens, el mejor modo de calmar a los fantasmas que intentaban hablar a través de los labios de Lurancy era hipnotizándola y permitiéndoles hablar libremente. Por ello, el 31 de enero de 1878, realizaron uno de los experimentos más siniestros a los que la muchacha se vio sometida.

A aquella sesión asistieron los padres de la muchacha, Asa Berry Roff y, por supuesto, el doctor Stevens. Invitaron a la chica a sentarse junto a una estufa y, tras ello, la indujeron lentamente al trance. Una vez que su cuerpo se relajó por completo, las voces comenzaron a surgir. Eran voces extrañas que se solapaban unas con otras pero, entre todas ellas destacó una, la de una mujer llamada Katrina Hogan.

Supuestamente era el alma de una mujer de 63 años de origen alemán que odiaba profundamente a la humanidad pero, antes de que pudieran entablar una conversación más profunda con ella, la voz de Lurancy volvió a cambiar. Se había convertido en la de un joven llamado Willie Ganning. Willie confesó ser un chico oriundo de Watseka que se había escapado de casa por miedo a su padre, Peter Ganning. Explicó además que, después de huir, se vio inmerso en muchas situaciones difíciles y había terminado falleciendo.

Durante aproximadamente una hora y media, el doctor estuvo interrogando al espíritu que había poseído el cuerpo de Lurancy Vennum y, tras ello, el doctor y el señor Roff se pusieron en pie y decidieron salir de la casa para hablar sobre el tema. Fue entonces cuando la chica se derrumbó en el sueño y fue víctima de otro ataque. Su cuerpo se había vuelto a quedar rígido como una piedra y su temperatura había descendido otra vez en picado.

El doctor E. Winchester Stevens se sentó rápidamente junto a la muchacha, agarró sus brazos y los mantuvo extendidos mientras le hacía preguntas. En aquella hora, la voz de Lurancy volvía a ser dulce y delicada y, con un tono lleno de paz, le confesó al doctor que su alma estaba en el cielo y que no iba a permitir que más almas malvadas como las de Katrina y Willie volvieran a poseer su cuerpo.

En aquel punto, el doctor Stevens creyó encontrar una cura al problema de la muchacha. Así que le pidió que se concentrara en buscar un espíritu mejor y más positivo al que pudiera permitirle poseer su cuerpo.

La muchacha comenzó a decir nombres de personas que ella jamás había conocido, pero que algunos de los presentes sí. Mencionaba a hermanos, abuelos, amigos, vecinos, conocidos…, todos ellos personas que, desde hacía años, habían abandonado el mundo terrenal para unirse al de los espíritus. Pero, en un momento dado, se detuvo. Se quedó en silencio durante unos instantes y dijo que había un espíritu al que le gustaría cederle su cuerpo.

—Hay alguien que quiere venir –pronunciaron los labios de la joven–. Necesita que le den permiso para hacerlo. Su nombre es Mary Roff.

En aquel instante, un escalofrío recorrió de punta a punta la columna vertebral de Asa Berry Roff y todos los presentes volvieron la vista hacia él. Ése era el nombre de su difunta hija.

Mary Roff había nacido el 8 de octubre de 1846, en el condado de Warren, Indiana, siendo la mayor de las hijas del matrimonio Roff. En un momento dado, sus padres se mudaron a Middleport y a partir de ahí su vida ya no volvería a ser igual. En la primavera de 1847, cuando Mary tenía alrededor de los 6 meses de edad, enfermó y sufrió un extraño ataque. Sus padres no comprendían qué le estaba ocurriendo y, debido a su corta edad, no tenían muchas esperanzas de que sobreviviera, pero, tras varios días de reposo, se recuperó.

Mary, aparentemente, volvía a ser una niña saludable pero, tras un breve período de calma, regresó la tormenta. Tres semanas después del primer ataque, la criatura sufrió otro muy similar. Aquellos ataques continuaron durante toda su infancia en intervalos de 3 a 5 semanas, hasta que cumplió los 10 años. Fue entonces cuando todo empeoró. Los ataques , cada vez que aparecían, llegaban a durar varios días seguidos y, cuando Mary volvía en sí, se mostraba terriblemente abatida.

De no haber sido por aquellos problemas, Mary hubiese sido una niña perfectamente normal. Estudiaba piano y poseía una mente brillante. Por ello sus padres hicieron todo lo posible porque recibiera una educación esmerada. Desgraciadamente, a medida que el tiempo pasaba, los ataques eran más persistentes y violentos, llegando al punto de convertirse en un impedimento para que la muchacha pudiera llevar una vida normal.

Tras consultar a numerosos expertos, la familia Roff decidió ingresar a Mary en el Hospital Estatal de Peoria donde, supuestamente, iba a recibir los mejores tratamientos para su enfermedad. Pese a ser considerados pioneros, fueron terriblemente dolorosos para la muchacha.

Mary fue expuesta a baños fríos y calientes e incluso a sangrías para estimular su circulación sanguínea. Por desgracia nada de aquello parecía funcionar, pues los ataques continuaron hasta sumergirla en una terrible depresión. La muchacha era incapaz de llevar una vida normal. Sentía que no era dueña de su cuerpo y, tras sufrir los ataques, sentía que había perdido todas las fuerzas.

Desesperada, el sábado 16 de julio de 1864, a la edad de 19 años, agarró un cuchillo y se hizo varios cortes en la muñeca izquierda. Aquel acto le hizo perder tanta sangre que, casi de inmediato, cayó al suelo perdiendo la conciencia. Por suerte para ella sus padres actuaron deprisa. Le vendaron la muñeca, la llevaron en volandas a la cama y cuidaron de ella hasta que abrió los ojos.

Muchos pensareis que, al despertar, la joven se mostraría agradecida con sus salvadores. Que se sentiría avergonzada y que pediría disculpas por todos los daños causados pero, en el caso de Mary, fue todo lo contrario. Cuando volvió en sí, lo hizo sumergida en un estado de desesperación total. Se volvió violenta y se sacudía con tanta fuerza sobre la cama que fue necesaria la intervención de cinco hombres para sostenerla.

Mary ya había perdido una cantidad considerable de peso desde que empezó su tormento, así que después de perder también tanta sangre, yació en la cama en estado de shock y fue incapaz de reconocer a las personas que la rodeaban.

La chica estuvo delirando cinco días seguidos antes de calmarse y dormir, al fin, durante 15 horas. Al despertar, se percató de que tenía los ojos vendados y todos le dijeron que se los habían tapado porque, mientras dormía, había sufrido extraños ataques en los cuales había intentado arañárselos.

Por extraño que parezca, Mary decidió no quitarse la venda pues decía ver mucho mejor con ella puesta. Veía cosas que los demás no podían ver y sabía cosas que los demás no podían saber.

Entre los comportamientos y las tareas que demostró ser capaz de hacer mientras llevaba los ojos vendados, tomó una enciclopedia, buscó en la entrada «sangre» y la leyó en voz alta. En otra ocasión, tomó una caja de cartas que sus amigos y familiares le habían enviado y las leyó sin problemas. Un buen día, Asa Berry Roff y un reverendo local intentaron engañarla colocando sobre su regazo cartas que no habían sido escritas para ella pensando que no se daría cuenta, pero la muchacha notó rápidamente el engaño y las arrojó violentamente al suelo.

Este breve período hizo que Mary adquiriese cierto grado de fama local, ya que muchos de los ciudadanos de Watseka llegaron a presenciar sus poderes de visión antinatural y su historia fue escrita en la prensa local. Sin embargo, sus ataques continuaron y, las autoridades locales presionaron a la familia Roff para que ingresaran a Mary en el Hospital Estatal de Peoria.

En ese momento, los Roff decidieron rendirse e ingresarla por última vez.

Mary Roff permaneció varios días en el asilo mental. El día 5 de julio de 1866, sus padres decidieron hacerle una visita. La chica se despertó, desayunó y dieron un paseo por los jardines. Mientras estaban caminando, dijo que no se encontraba muy bien y que quería ir a su habitación un rato para despejarse. El señor y la señora Roff decidieron esperarla sentados en un banco. Pero los minutos pasaron y Mary no regresaba junto a ellos así que fueron a buscarla.

A partir de aquí, existen dos versiones con respecto a lo que pudo ocurrirle a la joven Mary. La primera dice que, cuando llegaron a su habitación, la encontraron tumbada en el suelo y rodeada de un charco de sangre; la segunda, que la encontraron tumbada en su cama y sumergida en otro de sus extraños ataques. Lamentablemente, ocurriera lo que ocurriera, Mary Roff nunca más volvió a abrir los ojos.

Desde aquel día Ann y Asa Berry Roff se convirtieron en espiritistas. Comenzaron a creer que Mary había sido una médium capaz de comunicarse con el más allá, así que su misión a partir de aquel momento fue la de encontrar la forma de comunicarse con su espíritu.

Como ya hemos dicho, años más tarde, Lurancy Vennum irrumpiría en sus vidas cuando, en mitad de un trance, aseguró que el espíritu de Mary Roff quería apoderarse de su cuerpo para hablar con lo vivos.

El silencio se hizo presente en la sala. Nadie era capaz de hablar. Se miraban unos a otros con los ojos como platos hasta que, finalmente, el señor Roff movió los labios.

—Sí, déjala venir –debió pronunciar–. Estaremos encantados de que venga.

Fue entonces cuando la entidad se apoderó por completo del cuerpo de Lurancy. Dio detalles sobre la vida pasada de Mary Roff: describió su casa, su piano, sus hermanos y dio información a la que Lurancy jamás tuvo acceso. Como podréis imaginar, la sesión fue todo un éxito, pero, después de que el señor Roff y el doctor E. Winchester Stevens se marcharan, la chica no recobró el sentido.

Seguía actuando como Mary Roff y para ella todo era muy extraño. Se sentía triste, abatida y completamente sola. No reconocía ni a sus padres ni a sus hermanos y, en lo único que podía pensar, era en regresar a «su auténtica casa».

Con el pasar de los días, Lurancy no paró de suplicar a sus padres, entre llantos, que le permitieran ver a su auténtica familia. Así que, a regañadientes, los Vennum decidieron invitar a los Roff a su casa para ver si, al verlos, Lurancy volvía a tomar conciencia de sí misma.

El día 1 de febrero de 1878, Ann Roff y Minerva Alter, su hija, se dirigieron con paso firme a la residencia de los Vennum. No tenían muchas expectativas puestas en aquel encuentro pero, cuando la niña las vio llegar a través de la ventana, comenzó a saltar de alegría.

—¡Aquí vienen mi madre y mi hermana Nervie! –exclamó.

Acto seguido corrió hacia la puerta principal con los brazos abiertos y saltó sobre ambas mujeres con un brillo muy especial en los ojos.

Lurancy se mostraba como una persona totalmente distinta. Su voz era más dulce, hacía gala de un refinamiento exquisito y sus gestos parecían más los de una princesa que los de una muchacha de clase media. Sin embargo, la alegría que mostraba cuando estaba en presencia de los miembros de la familia Roff se disipaba en cuanto éstos se marchaban.

Los días pasaban y Lurancy no paraba de suplicar a sus padres que la dejaran volver con los suyos. No dejaba de decir que necesitaba verlos, abrazarlos y volver a sentirlos cerca. Así que, finalmente, llegaron a un acuerdo con ella. A regañadientes, la familia Vennum accedió a que se quedara junto a los Roff tres meses seguidos, desde el 10 de febrero al 21 de mayo de 1878.

Durante ese tiempo, los Vennum visitaron frecuentemente la residencia de los Roff pero, por desgracia, su hija era incapaz de reconocerlos. Lurancy ni siquiera podía mirarlos a los ojos y, en cuanto los veía entrar por la puerta, les recordaba que todavía no habían pasado los tres meses y que, por lo tanto, aún no tenía que irse con ellos.

La nueva Lurancy ya no reconocía nada de su pasado. No recordaba el rostro de sus hermanos, ni siquiera quería intercambiar un simple saludo con ellos. Sólo le interesaban las personas y los elementos que antaño estuvieron relacionados con Mary Roff. Tocaba al piano las canciones favoritas de aquella chica, leía con total fluidez y hablaba sobre arte y literatura como si los hubiera estudiado desde siempre.

Sin embargo, había dos cosas que la nueva Lurancy aseguraba poder recordar que ponían el vello de punta a todo aquel que las conocía: la primera era su entierro. Decía poder recordar las flores que dejaron sobre su tumba y el rostro de las personas que lloraron su pérdida. Y el segundo, el momento en el que intentó quitarse la vida.

—¿Con qué te hiciste los cortes? –preguntó el señor Roff.

—Con un cuchillo –respondió ella.

—¿En cuál de tus muñecas te los hiciste?

En este punto Lurancy calló.

Bajó la mirada lentamente mientras levantaba su brazo izquierdo y, cuando posó la vista sobre aquella muñeca, volvió a hablar.

—Éste no es el brazo –murmuró entornando los ojos–. El otro está en el suelo.

Durante los tres meses en los que la familia Roff cuidó de Lurancy, en contra de los deseos de losa Vennum, la sometieron a varias sesiones espiritistas. Empujaban a la muchacha a entrar en trance para canalizar, a través de su cuerpo, a cientos de espíritus. Decenas de supuestos médiums y expertos en parapsicología se reunieron en casa de la familia Roff para contemplar al llamado «milagro de Watseka».

Según varias fuentes consultadas, Lurancy Vennum logró canalizar a más de cien espíritus diferentes. Eran almas de todo tipo. Algunas estaban tristes, otras contentas y otras, tan perturbadas que eran incapaces de hablar con coherencia.

Se dice que cuando la familia Vennum se enteró de esto, llegó a desear haber enviado a su hija al asilo mental. De hecho, alguno de los familiares de Lurancy manifestó que hubiese preferido enterrar a una hija suya antes que entregarla a los Roff para que la convirtieran en espiritista.

Cuando el mes de mayo llegó, el espíritu de Mary Roff comenzó a sentirse muy abatido. Durante los primeros días del mes se fue despidiendo de todas las personas que fueron importantes para ella cuando todavía estaba viva: sus amigos, sus padres, sus hermanos… Anunció además que, durante aquellos tres meses, el espíritu de la auténtica Lurancy había estado junto a los ángeles, fortaleciéndose y preparándose para volver al mundo terrenal y que ya estaba dispuesta a hacerlo.

En un momento dado, la chica cerró los ojos y, al abrirlos, volvió a ser ella misma. Deseó volver a casa junto a sus padres y pidió a los Roff que la llevaran con los suyos, pero éstos decidieron que no podían aceptarlo. Necesitaban pasar más tiempo junto a Mary y, una vez más, indujeron a Lurancy al trance para volver a estar con su pequeña.

Según las crónicas y testimonios del caso, consiguieron estar con el espíritu de la chica hasta el 21 de mayo, día que la familia Vennum dijo que recogería a Lurancy y la llevaría de vuelta a casa.

Tras aquella experiencia, Mary Lurancy Vennum se convirtió en una joven fuerte y sana. Nunca más volvió a sufrir los extraños ataques que habían convertido su infancia en una pesadilla, pero, desgraciadamente, aquellos eventos la habían hecho tan famosa en la región, que tuvo que abandonar la ciudad de Watseka para siempre.

La familia Vennum se mudó a una ciudad distinta cuyo nombre no ha sido revelado por las fuentes consultadas y, allí, Lurancy logró tener una vida plena.

Años más tarde, contrajo nupcias con un hombre llamado George James Binning con quien tuvo un total de cinco hijos: Ellen Kaziah (1883-1940), Alma Lurinda (1884-1981), Thomas Henry (1891-1976), Viola Paulina (1896-1994) y John Laverne (1897-1979). Ninguno de ellos padeció una enfermedad similar a la de su madre a lo largo de sus vidas y Lurancy gozó de salud hasta el fin de la suya, el 30 de agosto de 1952.

Pese a haber empezado de cero en un lugar muy lejos de la ciudad de Watseka, se dice que Lurancy jamás pudo olvidar al espíritu de Mary Roff. Consideraba que aquella mujer la liberó de su tormento personal así que, para agradecérselo, visitaba cada cierto tiempo a la familia Roff con el fin de someterse a sesiones espiritistas a través de las cuales permitía que el alma de Mary volviera a poseer su cuerpo.

PARA SABER MÁS

E. WINCHESTER STEVENS (1887). *The Watseka wonder: A narrative of startling phenomena occurring in the case of Mary Lurancy Vennum*. Religio-philosophical Pub. House. 28 de marzo de 2011.

https://libsysdigi.library.uiuc.edu/OCA/Books2009-06/watsekawonder00stev/watsekawonder00stev.pdf

www.darkhistories.com/lurancy-vennum-and-the-watseka-wonder/

www.mindshadow.fr/the-watseka-wonder/

EL POLTERGEIST MACKENZIE

Cuando comencé a investigar a cerca del mundo paranormal, alguien me sugirió que echara un vistazo a la historia de Mackenzie el Sangriento. Normalmente, cuando un personaje histórico recibía un apodo como aquél, se debía a la ferocidad que demostraba en el campo de batalla o a la dureza con la que castigaba a sus enemigos, por lo que no creí que fuera a llamarme mucho la atención.

«Sólo es un sobrenombre militar. No parece que remita a nada sobrenatural», pensé. «¿Qué me puede asustar de un guerrero?». Y la respuesta fue «todo».

Sir George Mackenzie nació entre 1636 y 1638 en el seno de una de las familias escocesas más importantes de su tiempo y, este hecho, como era de esperar, le abrió todas las puertas de la sociedad.

En 1659 consiguió ingresar en el Colegio de Abogados de Edimburgo y, a partir de entonces, fue adquiriendo más y más prestigio hasta que entre 1661 y 1663 se convirtió en diputado de Justicia. Sería a partir de entonces cuando su historia comenzó a adquirir matices más oscuros. Y es que, mientras ostentó dicho cargo, se vio involucrado en múltiples juicios contra personas acusadas de brujería.

Sir George Mackenzie conoció los procesos desde sus entrañas. Descubrió el funcionamiento de los interrogatorios, las terribles torturas empleadas para que las personas confesaran haber cometido crímenes que realmente no habían cometido y, finalmente, aprendió a acabar con las vidas de los condenados de manera que la agonía se prolongase hasta su último aliento.

Quizás quedó prendado del dolor ajeno o quizás conocer el lado diabólico de los seres humanos infectó su alma, pero, sea como fuere, aquello cambió su forma de ver el mundo y lo acabó convirtiendo en un monstruo.

Un monstruo que en 1667 fue nombrado lord Advocate, lo que le permitió formar parte del consejo privado de Escocia. El tiempo pasó y Mackenzie ocupó el cargo de secretario real.

Cuando Carlos I llegó al trono, empezó a realizar cambios en el gobierno. Primeramente, creó una serie de impuestos que, por supuesto, no gustaron al pueblo, pero lo que hizo que un grupo de personas se alzara contra él fue la reforma que pretendía emprender en cuanto a la libertad de credo. Y es que Carlos I quería imponer el anglicanismo a todos sus súbditos.

Aquello era intolerable para la comunidad presbiteriana escocesa, así que, en 1638 un grupo de covenanters se reunió en la capilla de Greyfriars y firmó un pacto a través del cual juraban no aceptar al rey como cabeza de la Iglesia y, además, se negaban a aceptar la religión del Estado como propia.

Obviamente, aquel pacto fue considerado alta traición y por ello todas las personas que figuraban en la lista fueron sentenciadas a prisión inmediatamente. Sin embargo, su castigo no se ejecutó hasta que Carlos II ascendió al trono, ya que éste fue quien decidió llevar a cabo una campaña de persecución contra los covenanters.

En 1679, tras la batalla de Bothwell Bridge, Carlos II ordenó a sir George Mackenzie que acabara con la revuelta y que terminara para siempre con los covenanters. Así que, nuestro terrible protagonista, se frotó las manos y le demostró a su señor todo lo que había aprendido durante los juicios de brujería en los que fue partícipe.

Decidió que el peor castigo que podría verter sobre los covenanters era levantar una prisión junto a la capilla en la que osaron firmar el pacto para que, desde ella, pudieran ver el motivo por el cual habían sido sentenciados a muerte. La siniestra idea de MacKenzie dio lugar, según muchos estudiosos, a uno de los primeros campos de concentración de la historia.

Mackenzie encerró alrededor de 1200 personas en aquella prisión. A duras penas se les daba de comer. Si alguien hablaba en voz alta, tosía o se movía de forma brusca, era sacado a la fuerza de su celda y ejecutado ante la atenta mirada de los demás.

Las celdas de los prisioneros no tenían techo, así que quedaban expuestos permanentemente a las inclemencias del tiempo escocés: el frío, la humedad, el viento… Todo ello, sumado a la falta de alimento y bebida, hizo que, poco a poco, todos los covenanters fuesen cayendo enfermos y murieran.

Como cabría esperar, las gentes de Edimburgo sentían pena por los condenados. En el interior de la prisión estaban sus vecinos y amigos, y el dolor de aquellas personas traspasaba los muros para convertirse en el de toda la ciudad. Así que se dice que, a cualquier hora del día, los transeúntes se colocaban al otro lado de los muros y les lanzaban pan.

No queda claro qué sucedía si los guardas se percataban de ello, pero, lo que sí ha quedado demostrado es que muchos de los condenados lograron aguantar los cinco meses de condena –desde finales de verano hasta bien entrado el invierno– gracias a la solidaridad del generoso Edimburgo.

La misión de sir George Mackenzie parecía sencilla. Pretendía que los covenanters se rindieran ante él y aceptaran el anglicanismo como su religión y al rey como cabeza de ésta. Disponía de los mecanismos y el poder de las instituciones para someterlos. Pero, en aquellos tiempos, el credo lo era todo. Sin el abrazo de Dios, los hombres no tenían nada y, aunque durante su vida lo hubieran tenido todo, cuando sus corazones dejaran de latir serían condenados al fuego eterno. Aquellas personas sentían un miedo atroz a darle la espalda a sus creencias. Así que la leyenda cuenta que nadie dio su brazo a torcer y que todos decidieron morir para defender su honor y su fe.

Sin embargo, Mackenzie el Sangriento era incapaz de rendirse. Quería que todos los covenanters se convirtieran al anglicanismo e hizo todo lo posible por doblegar sus mentes, así que no sólo encerró allí a los hombres que firmaron el pacto sino también a sus mujeres, padres, hermanos e hijos. Pero, al ver que todas aquellas personas no morían encerradas en la prisión, envió a muchas de ellas a Grassmarket, para ahorcarlas ante la horrorizada mirada de los ciudadanos libres de Edimburgo.

No contento con estos castigos, sir George Mackenzie también decidió enviar alrededor de 200 hombres a las Américas para realizar trabajos forzados. No podía llevarlos como esclavos porque, al fin y al cabo, eran hombres libres, pero sí podía deshacerse de ellos con el convencimiento de que, si no morían en el mar, lo harían trabajando sin descanso bajo un sol abrasador. Y como si la negra voluntad de Mackenzie pudiese afectar la realidad, el barco en el que viajaban los 200 covenanters naufragó cerca de las costas escocesas y todos sus tripulantes murieron ahogados.

¿Llegó sir George Mackenzie a pagar por estos viles actos? No.

Se dice que, tras oponerse al derrocamiento de Jacobo II, para evitar las consecuencias de la llamada Revolución Gloriosa, optó por retirarse de la vida pública y esconderse en Oxford. Finalmente acabó sus días en Westminster, donde fallecería apaciblemente en una cómoda cama el 8 de mayo de 1691.

Sin embargo, incluso después de muerto, tenía pensado seguir cometiendo todo tipo de maldades. Y es que, cuando vio que se acercaba su hora, mandó al arquitecto James Smith construir un mausoleo a las puertas de la antigua prisión de los covenanters. Según cuenta la leyenda, MacKenzie estaba convencido de que su misión era «seguir vigilando las almas de aquellos viles pecadores desde la tumba».

Con el pasar de los años, aquel mausoleo comenzó a ser conocido por los edimburgueses bajo el nombre de Mausoleo Negro. No queda claro si lo llamaban así por el color de su piedra, ennegrecida por el paso del tiempo, o si este nombre le fue otorgado por el color del alma de Mackenzie el Sangriento, pero de lo que sí tenemos constancia es de que prácticamente nadie se atrevía a detenerse frente a su tumba.

Incluso muerto, sir George Mackenzie despertaba los miedos más perturbadores a los ciudadanos de la capital escocesa. Aquellos que acudían a la capilla de Greyfriars a rezar volvían a casa sin ni tan siquiera echar la vista atrás.

El tiempo fue pasando y, pronto, la zona circundante a la capilla se fue convirtiendo en el cementerio que es a día de hoy. Las personas más ilustres de la ciudad optaron por ser enterradas allí y, poco a poco, Escocia fue olvidando todo el dolor que una vez había impregnado los muros de la antigua prisión de los covenanters.

Si alguna vez habéis estado en Escocia, estoy convencida de que lo primero que recordaréis de ella es ese húmedo frío que te cala directamente los huesos. Un frío que te acompaña permanentemente en cualquier época del año. Como todas las grandes ciudades, Edimburgo tiene un gran número de hombres y mujeres sin techo y, en 1998, uno de ellos decidió buscar refugio en el viejo cementerio de Greyfriars.

Greyfriars tiene una gran cantidad de mausoleos así que el hombre pensó que, quizás, alguno de ellos podría estar abierto. Y, extrañamente, no se equivocaba.

Dependiendo de la versión que consultéis, lo que este hombre experimentó, fue una cosa u otra. Sin embargo, yo os voy a contar la historia más siniestra y aterradora que jamás me hayan contado. Y es que, tras dar varias vueltas por el cementerio, el hombre llegó a las puertas del Mausoleo Negro y, como por arte de magia, éstas se abrieron ligeramente con la fría brisa del invierno escocés.

Sin pensarlo dos veces, el hombre las empujó y accedió al interior de la tumba. Tras vacilar unos instantes, bajó las estrechas escaleras y llegó a la cripta, lugar en el que, supuestamente, descansaban los restos del terrible Mackenzie.

Tras varios minutos reflexionando, el hombre decidió buscar algo de valor en el interior de las piedras. «Si las personas que hay enterradas aquí tenían tanto dinero como para construir un mausoleo, probablemente también fueron enterradas con algunas joyas», debió pensar.

Buscó figuras en la pared, buscó ladrillos que tras de sí ocultaran algún pequeño tesoro, pero, lejos de hallar joyas resplandecientes, se encontró cara a cara con la maldad más pura. Y es que, en un momento dado, el suelo que había bajo sus pies se vino abajo y, en un par de milésimas de segundo, cayó sobre un montón de huesos.

Los gritos del hombre llamaron la atención de dos vigilantes del cementerio que corrieron inmediatamente hacia el mausoleo para ver lo que estaba pasando.

Algunas versiones dicen que los guardias llegaron a bajar dentro de la cripta y otras que no lo hicieron. Se encontraron al vagabundo, gritando a pleno pulmón y emergiendo del mausoleo y, cuando le preguntaron qué ocurría, el hombre les contó una de las historias más surrealistas que habían escuchado jamás.

Y es que aseguró que, tras caer sobre un montón de huesos, una fuerza invisible le golpeó con la fuerza de mil demonios. Aseguró que un fantasma le había arañado, mordido y golpeado hasta que escapó del mausoleo de sir George Mackenzie.

—Hay algo allí, agentes –debió declarar–. Hay algo oscuro y demoníaco.

Los guardias quisieron apuntar todo lo que este hombre les decía, pero el aroma del alcohol les impidió creer en las palabras del vagabundo. Así que le amenazaron con llevárselo al calabozo si no abandonaba el cementerio y su absurda idea de que un demonio vivía en el Mausoleo Negro.

Probablemente, de haber sabido que, a partir de aquella noche, algo terriblemente oscuro gobernaría desde las entrañas de Greyfriars, los vigilantes se lo habrían pensado dos veces antes de burlarse de aquel hombre. Después del incidente del vagabundo en aquella noche de 1998, la gente que visitaba Greyfriars comenzó a explicar que se sentía observada. Decían que una fuerza invisible les observaba desde el Mausoleo Negro y, por ello, nadie se atrevía a acercarse a él.

Los pocos que se atrevían a ignorar su intuición y osaban poner un pie cerca del enclave aseguraban sentir que una fuerza sobrehumana los atraía hacia la oscuridad; que una voz susurrante los llamaba por su nombre desde el interior de la tumba; que unas manos frías los golpeaban, arañaban o, incluso, agarraban de los tobillos para que no pudieran escapar.

Pero aquello no era lo peor, ni lo más escalofriante. Las mujeres embarazadas que pasaban junto al monumento aseguraban ser capaces de sentir cómo los fetos que portaban en su vientre se revolvían y pataleaban. Incluso aquellas que se encontraban en los primeros meses del embarazo juraban que las contracciones habían dado comienzo y, justo cuando llegaban a la puerta del cementerio, dispuestas a salir de allí, cesaban.

Los rumores del embrujo de Greyfriars no tardaron en llegar a oídos de los fanáticos de lo paranormal y, pronto, decenas de personas comenzaron a agolparse a las puertas del mausoleo armadas con grabadoras, detectores de movimiento y cámaras de fotos, pero ¿sabéis qué es lo más siniestro de todo? Que mientras las grabadoras captaban extraños susurros, las cámaras eran incapaces de captar nada. Y, cuando digo nada, me refiero a *nada en absoluto*.

La gente se detenía a las puertas del mausoleo, activaba el flash de sus cámaras y comenzaba a sacar fotos. Pero, al llegar a casa, era como si no hubieran tomado ni una sola imagen del Mausoleo Negro. Tenían fotografías de todas las tumbas del cementerio de Greyfriars pero, del monumento de sir George Mackenzie, nada en absoluto.

Cuanta más atención recibía la terrible entidad, más fuerte parecía volverse. Y es que muchos aseguraban haber visto una figura blanquecina esconderse entre los barrotes del enclave, que el intenso hedor de la putrefacción emergía de las entrañas de aquella tumba y que, con sólo pisar la hierba que crece ante el monumento, podías sentir el suelo crujir bajo tus pies.

Entre los años 1998 y 1999, cuatro de las casas que se ubicaban tras el Mausoleo Negro explicaron que había habido actividad poltergeist de nivel 3 y los testimonios de agresiones fantasmales se multiplicaron. Por ello, en el año 2000, Colin Grant, un exorcista y ministro de una Iglesia espiritualista, decidió realizar un exorcismo completo al cementerio de Greyfriars. Lamentablemente, el ritual no salió como había previsto. El hombre esperaba que, con una simple bendición y unos pocos rezos, el cementerio quedase liberado del maleficio que recaía sobre él, pero, cuando comenzó con el proceso, aseguró que fue atacado por cientos de almas atormentadas y espíritus malignos que residían entre la prisión de los covenanters y el Mausoleo Negro.

Colin Grant huyó lo más rápido que pudo del cementerio. Pero no debió de hacerlo lo suficientemente rápido, ya que unas semanas más tarde fue hallado muerto a causa de un repentino e inesperado ataque cardíaco.

Los años pasaron y la maldición del cementerio se hizo más y más incontrolable y nada ni nadie podía detenerla. Varios religiosos quisieron seguir los pasos de Colin Grant, pero ninguno era capaz de terminar con el proceso de exorcismo que él había empezado. Todos aseguraban que la maldad de Greyfriars no podía erradicarse, que sus raíces se extendían por el aire, por debajo de la tierra y que incluso habían empezado a adherirse a algunos de los curiosos que osaban retar al espíritu de Mackenzie el Sangriento.

Pero el evento que marcaría un antes y un después en la historia de este enclave, acontecería una noche del año 2003, cuando dos muchachos de entre 12 y 13 años decidieron colarse en el oscuro mausoleo por una apuesta.

—No tienes lo que hay que tener para entrar allí –sentenciaría uno de ellos.

—Pues lo haré y tú vendrás conmigo–afirmaría el otro–. Robaremos la calavera de Mackenzie el Sangriento y demostraremos a todos que no tenemos miedo.

Dicho y hecho, los muchachos atravesaron las puertas del mausoleo y, en el más sepulcral de los silencios, bajaron las estrechas escaleras que conducen a la cripta. A partir de ahí, según lo que declararon en comisaría, sus mentes se nublaron.

—Sir George Mackenzie nos obligó a hacerlo–declararon al unísono ante unos incrédulos agentes de policía.

Al parecer, algunos de los vecinos de Greyfriars escucharon ruidos en el cementerio y, creyendo que debían de ser ladrones de tumbas, llamaron a la policía. Fue entonces cuando un grupo de agentes se encontró a dos muchachos que, con la mirada perdida, vagaban por la prisión de los covenanters. Pero lo más impactante de todo es que, entre las manos de uno de ellos, se hallaba la calavera momificada de sir George Mackenzie.

El interrogatorio al que fueron sometidos los muchachos se alargó durante toda la noche. Algunas fuentes aseguran que duró hasta el amanecer y que los chicos sólo fueron capaces de decir que Mackenzie el Sangriento les obligó a hacer cosas terribles aquella noche. Cosas que difícilmente podrían olvidar.

Ante esta noticia, el Ayuntamiento de Edimburgo decidió clausurar para siempre esa zona del cementerio y, actualmente, sólo se puede acceder, tanto a la prisión de los covenanters como al interior del mausoleo, a través de un tour privado llamado «City of the Dead», cuyas oficinas se encuentran en la entrada del cementerio.

Extrañamente, dichas oficinas fueron víctimas de un misterioso incendio a finales de 2003. El fuego no afectó ni a las tumbas, ni a las casas aledañas, únicamente ardió la pequeña caseta en la que se ofrecen las entradas para el tour. Nadie se explica cómo se originó el fuego, pero éste devoró años y años de testimonios escritos sobre los eventos paranormales acontecidos en el enclave.

Como fanática que soy del mundo paranormal, he visitado Greyfriars en dos ocasiones. La primera vez, decidí perderme entre las tumbas y dejar que mis piernas encontrasen solas el camino hacia el Mausoleo Negro. Y cabe decir que no sólo ellas fueron capaces de localizarlo sino todo mi cuerpo.

Cuando más cerca estaba de éste, más parecía dolerme la cabeza y más entumecidos sentía mis huesos. Aquello, puedo aseguraros, que no era obra de la presión atmosférica y mucho menos del frío escocés. Era como si mi cuerpo y mi alma estuvieran siendo golpeados al mismo tiempo por algo que mis ojos no podían ver. Como si cientos de manos invisibles intentaran agarrarme desde todas las direcciones y quisieran arrastrarme hacia el lugar más oscuro de la tierra y, cuando mis pies se detuvieron frente al monumento, lo supe. Supe que aquél era el Mausoleo Negro del que tanto me habían hablado.

Ese lugar no es como cualquier otro en el que yo haya estado. De su interior emerge una siniestra respiración. Una respiración sorda que, al inspirar, absorbe el aire de tus pulmones y, al espirar, libera lentamente un frío glaciar.

La primera vez no paré de hacer fotografías. Me moría por volver al hotel y que, al revisar el contenido de mi cámara, hubieran desaparecido todas. Pero la leyenda, al menos en mi caso, no se hizo realidad. En las imágenes no capté orbes, no capté figuras blanquecinas…, únicamente un mausoleo que, pese a que, una vez te hallabas frente a él, transmitía pura maldad, en las fotografías sólo parecía eso, un monumento funerario cuyas piedras se habían ennegrecido por el paso del tiempo.

Todos los días en los que estuve haciendo turismo por Edimburgo, acababa la jornada sentándome al pie de las escaleras del Mausoleo, prendiendo mi grabadora y haciéndole preguntas a la nada. Pregunté si era cierta la historia de la prisión, cuántas personas murieron en su interior y si había alguien junto a mí, pero nunca obtuve respuestas. Sentía la gélida respiración a mis espaldas, no obstante, más allá de eso, ningún espíritu quería comunicarse conmigo.

Tras mis pesquisas regresaba al hotel exhausta, sin ganas de nada. Mi mente seguía activa, con ganas de salir a recorrer la ciudad y de seguir tomando fotografías, pero mi cuerpo no respondía. Me desplomaba sobre la cama y, con los ojos abiertos, sentía cómo mi cuerpo creía morirse lentamente.

Nunca me salieron moratones ni marcas de mordeduras en la piel. Nunca sentí que alguien me hubiera golpeado mientras realizaba las grabaciones, sólo un agotamiento extremo al que, rápidamente, le buscaba una explicación lógica: haber caminado mucho durante la jornada.

Repetí la operación todos los días y el último, justo antes de coger un tren en dirección al aeropuerto, decidí dar un último paseo entre las lápidas. No tenía ninguna intención de volver a hacer preguntas y mucho menos de provocar al ser que, supuestamente, habitaba el Mausoleo Negro. Pero, justo cuando pasé por delante de éste, sin ni tan siquiera mirarlo directamente, un susurro eléctrico emergió de él y se incrustó en mi cerebro.

—Hey, come near.

Nunca he sido buena con el inglés, pero, en aquel momento, supe lo que esas palabras significaban: *«acércate»*. Me había pasado toda una semana sentándome a los pies del mausoleo y, la primera vez que lo ignoraba y pasaba de largo, la voz que había estado esperando decidió actuar.

La luz del sol iluminaba todo el cementerio. Había varias personas tomando fotografías en la puerta de la prisión de los covenanters y, aun así, aquella entidad había podido manifestarse.

—¿Qué ha sido eso? –preguntó mi pareja. Él no lo había escuchado con tanta claridad como yo, pero, en cuanto vio el brillo de mis ojos y se percató de que estaba a punto de acercarme al mausoleo, me agarró del brazo y negó con la cabeza.

Cuando volvimos a casa no pude borrar de mi mente la imagen del Mausoleo Negro. Pasé un año entero dándole vueltas a la posibilidad de volver a Escocia y contratar un tour que me permitiera entrar en aquella tumba. ¿Si escuché aquella voz a plena luz del día qué no podría escuchar, ver o sentir dentro del mausoleo? Aquélla se convirtió en mi nueva obsesión. Y, cuando por fin logré reunir el dinero suficiente, regresé a Edimburgo y contraté uno de los tours oficiales que, supuestamente, recorrían la tumba de Mackenzie el Sangriento.

Desgraciadamente, no fue así. Accedimos a la prisión de los covenanters con la única iluminación que las pantallas de nuestros móviles podían ofrecernos, escuchamos las historias más sangrientas y aterradoras sobre el cementerio de Greyfriars pero, del Mausoleo Negro, no nos contaron nada en absoluto.

Nuestro guía, en mitad de la oscuridad, lo señaló con el dedo y pasamos de largo. ¿Por qué el único tour que tenía acceso a la tumba no quería mostrárselo a la gente? ¿Acaso tenían miedo? Cuando se lo pregunté al guía, éste no supo darme una respuesta y yo regresé al hotel con un cierto sabor agridulce.

Y es que, cuando yo pensaba que toda la actividad paranormal del cementerio se concentraba únicamente en el mausoleo, estaba ignorando por completo a las almas perturbadas que se escondían en las profundidades de la prisión de los covenanters.

Muchas de las personas que hicieron el tour con nosotros entraron a la prisión altamente sugestionadas. Se agarraban unas a otras, subían al máximo la iluminación de las pantallas de sus teléfonos móviles... Pero mi pareja y yo estábamos más bien decepcionados. No dejábamos de mirar las manecillas del reloj y contar los minutos que quedaban para entrar en el mausoleo.

—Vamos con mucho retraso –murmuraba yo entre dientes–. En cuarenta minutos no creo que nos dé tiempo a recorrer la prisión y después entrar en el mausoleo. Aún no ha empezado a contar la historia.

Supongo que, debido a ello, no le dimos mucha importancia al hecho de que, al cruzar las puertas de hierro de la prisión, la temperatura bajó en picado. Ya de por sí, el invierno escocés es muy intenso, pero dentro de la prisión era aún más fiero.

Los claroscuros formados por la tenue iluminación de los móviles dibujaban extrañas sombras en los muros y, en todas las fotografías que tomábamos, aparecían extraños orbes. Eran círculos blanquecinos que paseaban ante el objetivo y que únicamente la cámara era capaz de captar.

Corrientes de helor inexplicables pasaban junto a nosotros en todo momento y, cada vez que esto ocurría, una terrible sensación de tristeza invadía todo mi ser. Era como si una daga afilada atravesara mi cuerpo una y otra vez. No fue necesario escuchar voces ni ver figuras blanquecinas escondiéndose tras unas puertas de madera. Sabía que algo extraño estaba ocurriendo allí.

Lamentablemente, aquellas sensaciones fueron opacadas por algunas de las bromas pesadas del guía y su ayudante, que no dudó en ponerse una máscara monstruosa y dedicarse a asustar al grupo cuando todos estábamos reunidos en el interior de una de las celdas.

Según nuestro guía, aquella celda era la auténtica tumba de sir George Mackenzie, pero yo no estaba tan segura de ello. Llevaba mucho tiempo investigando el caso y, todas las fuentes que llegué a consultar, afirmaban que el verdadero mausoleo era aquel que se encontraba a las puertas de la prisión. ¿Qué había pasado con las famosas escaleras que descendían hacia la cripta? ¿Cuál era el rincón exacto que se vino abajo tras lo cual se descubrió el montón de huesos? Aquello no tenía ningún sentido.

Cuando el tour terminó, decidí quedarme un rato más paseando entre las tumbas. Saqué fotografías de cada uno de los rincones de aquel cementerio y, finalmente, decidí que, tras una vida entera respectando la ley, era hora de quebrantarla. Pensé que el único modo de entrar en el Mausoleo Negro era forzando la cerradura y entrando en la tumba por mi propio pie.

—No me iré de aquí sin recoger pruebas suficientes de la existencia del poltergeist Mackenzie –sentencié.

Recuerdo acercarme al mausoleo y, en la oscuridad, agarrar la cerradura y observarla con detenimiento. Estaba convencida de lo que iba a hacer. Podía sentir aquel aliento frío emergiendo directamente de las profundidades de la tumba e incluso juraría haber escuchado un extraño murmullo en el hueco de las escaleras, pero mi acompañante me detuvo.

Me marché de Greyfriars con la cabeza agachada y un montón de preguntas que, a día de hoy, doy por hecho que jamás lograré responder. ¿Qué era esa respiración? ¿Realmente escuché una voz aquel día? Y la pregunta que más vueltas ha dado en mi mente hasta hoy: ¿por qué el único tour con acceso al mausoleo de MacKenzie el Sangriento no nos dejó entrar?

PARA SABER MÁS

LANG, A.: *Sir George Mackenzie, King's Advocate of Rosehaugh: his life and times.* Longmans, Green and Co, Londres, 1909.

https://lovelyscotland.com/cementerio-greyfriars-poltergeist-mackenzie/

www.cityofthedeadtours.com/about/the-mackenzie-poltergeist/

https://web.archive.org/web/20151023042533/http://www.covenanter.org.uk/Prison/

Caso Warren: el poltergeist de la calle Lindley

El 10 de febrero de 2015, la oficina forense del condado de Richland, Ohio, se propuso encontrar a los familiares de una mujer fallecida en la localidad de Shelby. Aquél era un proceso habitual. Sencillamente los buscaban para saber qué era lo que debían hacer con el cuerpo, pero, durante la búsqueda, descubrieron una historia escalofriante que se remontaba a la década de 1970: la del poltergeist de la calle Lindley.

Esta siniestra historia da comienzo con una modesta familia apellidada Goodin. Los Goodin no eran los más queridos de su barrio, no tenían la casa más llamativa, ni tampoco eran miembros de ningún club de golf exclusivo. Era personas de clase media/baja que hacían todo lo posible por encajar los golpes de la vida.

Gerald, más conocido como Gerry, trabajaba en el servicio de mantenimiento de una empresa llamada Harvey Hubbell Incorporated, en Bridgeport, Connecticut, y su esposa, Laura, era ama de casa. Algunas fuentes consultadas aseguran que eran un matrimonio normal, que jamás tuvieron problemas y que, de haberlos tenido, los habrían solucionado inmediatamente. Sin embargo, existe otra versión que quizás pueda llegar a ajustarse mejor al perfil de la familia Goodin. Y es que se dice que, mientras Gerald era un hombre muy tranquilo y sociable, Laura era todo lo contrario. Una mujer de carácter fuerte, muy dominante y controladora, a quien no se le escapaba un solo detalle de la vida de sus seres queridos.

Este peculiar matrimonio, en un momento dado, trajo a este mundo a un niño al que llamaron Gerry Junior, pero, por desgracia, la criatura nació con esclerosis múltiple, una enfermedad que, poco a poco, lo fue castigando, redujo su movilidad y le obligó a permanecer largas temporadas postrado en la cama. Aquélla no era vida para un niño pues, mientras los demás jugaban frente a su casa, él se limitaba a escuchar sus voces e imaginar lo que estarían haciendo.

No es difícil ponernos en la piel del pequeño Gerry y mucho menos imaginar la tristeza que pudo llegar a sentir. Pero, por suerte o por desgracia, su pesadilla acabó en otoño de 1967 ya que, cuando apenas tenía 6 años, la enfermedad decidió arrebatarle la vida.

El matrimonio Goodin fue incapaz de superar la pérdida de su hijo. Su sueño era llenar la casa de niños, pero los médicos les dijeron que existía una cierta predisposición genética con respecto a la enfermedad, así que, para tratar de evitar traer a este mundo hijos con la misma dolencia que sufrió su primogénito, el matrimonio consideró la adopción.

Un año después de la muerte de Gerry Junior, volaron a Canadá y empezaron el proceso de adopción de una niña de cuatro años llamada Marcia.

La pequeña era una niña muy especial. Por el color de su piel y sus rasgos era evidente que sus antepasados eran nativos americanos, y su dulzura y timidez rápidamente cautivaron al matrimonio Goodin. Así que hicieron todo el papeleo y se la llevaron a casa.

De la historia de Marcia, el orfanato no les dijo nada, pero, en la actualidad sabemos que su madre biológica había dado a luz siendo sólo una adolescente, motivo por el que no pudo hacerse cargo de ella. Con el pasar de los años, la mujer tuvo otros hijos en mejores circunstancias, así que Marcia fue la única de todos ellos que abandonó sus raíces para empezar una nueva vida lejos del hogar.

Los Goodin no tenían mucho dinero, ni tampoco un enorme jardín en el que Marcia pudiera jugar. Pero sí mucho amor que ofrecer y con eso la pequeña, al menos durante los primeros años, fue muy feliz. Por desgracia, mientras en casa todo parecía ir bien, fuera de ella todo era un caos.

La pequeña tenía rasgos físicos muy distintos al resto de sus compañeros de clase. Su piel era más oscura, sus ojos, muy expresivos y todo ello, sumado a su timidez, la convirtió en el blanco de todas las burlas. Los niños tenían tendencia a excluirla de los juegos y, según algunas fuentes, los profesores no hacían nada por impedirlo.

«Así se fortalece el espíritu», deberían de pensar. Una frase muy repetida en este tipo de casos.

Por desgracia, ningún adulto detuvo a tiempo aquella clase de comportamientos y, en octubre de 1974, la historia fue un poco más allá. Uno de los muchachos que solía acosar a Marcia decidió que sería muy divertido, ante la atenta mirada de los demás niños, acercarse a ella por detrás y darle una patada en mitad de la espalda. Aquel acto de pura maldad dejó a la niña inmovilizada en el suelo, por lo que los profesores tuvieran que llamar de inmediato a una ambulancia. La información sobre las horas que siguieron al incidente resulta caótica. Según los médicos, la niña había sufrido una terrible lesión en la espalda que la obligaría a mantener reposo absoluto y a portar un aparato ortopédico durante varias semanas. Pero aquello no fue todo, y es que Laura Goodin, por miedo a que su pequeña siguiera sufriendo acoso escolar, decidió que, a partir de aquel momento, Marcia estudiaría en casa.

En este punto, algunos pensaréis que la idea de Laura era maravillosa. Que quizás a Marcia le iría muy bien pasar más tiempo con su madre y alejarse del colegio. Desgraciadamente, debido a la forma de ser de Laura, las cosas tan sólo empeoraron, y es que la mujer no le dejaba hacer nada en absoluto. No podía moverse, no podía salir de casa, debía llevar todo el tiempo un aparato ortopédico, no tenía amigos… Y tras seis semanas de confinamiento, extraños eventos comenzaron a sacudir los cimientos de la familia.

—En mi casa están ocurriendo cosas muy extrañas –debió de afirmar Gerald Goodin–. Por favor, envíen a alguien.

Un buen día, el señor Goodin llamó a los bomberos para informarles de que en su casa ocurrían cosas inexplicables. Al parecer, el hombre estaba visiblemente molesto ya que una serie de golpes rítmicos había comenzado a sonar a altas horas de la noche.

Gerald creía firmemente que los niños del barrio, pretendiendo asustar a Marcia, se escapaban de sus casas cuando sus padres dormían y lanzaban piedras sobre el tejado y las paredes de su hogar. Lo que, en un principio, sólo ocurría de noche, pronto también sucedía a cualquier hora del día, y la familia ya no podía más.

Habían probado todo.

Cada vez que los golpes daban comienzo, Gerald salía al exterior y buscaba en la oscuridad a los causantes, pero nunca hallaba respuestas. Habían intentado revisar las paredes, pero, en su interior, no habían encontrado nada.

Cuando los bomberos recibieron su llamada analizaron rápidamente la situación. La familia Goodin vivía en el 966 de la calle Lindley, en Bridgeport, en un diminuto *bungalow* de un barrio humilde. Por ello, si un grupo de niños golpeaban las paredes y el techo de la casa, sería fácil dar con ellos. Pero, desgraciadamente, tras inspeccionar tanto la parte exterior como la interior de la residencia, fueron incapaces de encontrar nada inusual.

Los niños del barrio estaban en el colegio en el momento de la revisión y, tras inspeccionar los cimientos de la casa y verificar las tuberías del gas y el agua, los agentes no pudieron descubrir el origen de aquellos molestos sonidos.

Los días fueron pasando y los ruidos continuaban sin dejar descansar a la familia Goodin. Fue entonces cuando Gerald comenzó a pensar que quizás no estaban siendo provocados por simples niños, sino por adultos con conocimientos relacionados con la construcción.

«¿Cómo unos niños pueden hacer ruido sin que les atrapen?», debió de preguntarse. «Unos simples mocosos no encontrarían la forma de hacer que una casa ruja desde dentro».

Tiempo atrás, una gran empresa de construcción se había propuesto comprar todas las casas de la calle para echarlas abajo y construir sobre el terreno edificios más modernos. Llamaron a la puerta de todos los vecinos ofreciéndoles grandes sumas de dinero a cambio de que dejaran sus vidas atrás y volvieran a empezar en otra parte, pero tanto los Goodin como otras familias del vecindario se negaron a irse.

Así que, quizás, los grandes empresarios habían contratado a alguien para que se encargara de idear un plan que acabara echando de sus casas a todas las personas que se habían negado a venderlas. Alguien con los conocimientos necesarios para que se escucharan unos golpes inexplicables que espantaran a todo el vecindario.

Primero fueron golpes en las paredes, golpes que podrían estar haciéndose desde fuera, pero poco a poco se oían en todas las habitaciones, como si fuera la propia casa la que los producía. Así que Gerald, terriblemente indignado con sus nuevas conclusiones, volvió a revisar cada rincón de la vivienda: las tuberías, los conductos del sótano, las ventanas... En un momento dado, del propio horno surgieron unos ruidos extraños, como si algún tipo de alimaña se hubiera colado en su interior. Por ello la familia, con los pocos recursos que tenían, decidieron comprarse uno nuevo, pero, a los pocos días, los ruidos volvieron a emerger de su interior.

El 21 de noviembre de 1974, los Goodin cenaban con un vecino en su sala de estar cuando, de pronto y sin previo aviso, escucharon un terrible sonido de cristales rotos. Rápidamente, Gerald Goodin se puso en pie y se dirigió hacia el dormitorio principal y allí descubrió que uno de los paneles de la ventana se había roto. Lo extraño de la situación era que no lo había hecho de cualquier manera, sino desde dentro hacia fuera. Como si alguien hubiera entrado en esa habitación y lanzado una piedra contra el cristal.

Aquello era muy extraño, pero, aun así, los Goodin no le dieron importancia. Tenían un gato llamado Sam, así que, probablemente, mientras perseguía algún insecto habría dado un mal salto y habría roto el cristal.

Días más tarde, se oyeron nuevos ruidos procedentes d otra de las habitaciones. Toda la familia estaba viendo la televisión en la sala de estar cuando, de súbito, escucharon un fuerte golpe que venía del dormitorio principal. Cuando Gerald se levantó y se dirigió allí, descubrió que las cortinas se habían caído. Quizás el soporte estaba mal fijado a la pared, quizás había pasado una ligera brisa... Aquello podía tener mil explicaciones distintas. Así que las recogió del suelo y las volvió a colocar en su lugar. Pero, justo antes de que pudiera salir de la habitación, volvieron a caerse.

La ventana estaba cerrada, no había corrientes de aire cerca y aquellas cortinas, aparentemente, estaban bien colocadas. Gerald no entendía lo que estaba ocurriendo así que las recolocó una vez más y volvió al salón con su familia. Treinta minutos más tarde, las cortinas volvieron a caer y, al mismo tiempo, un intenso golpeteo invadió todas y cada una de las estancias. Aquello era insostenible.

Los Goodin no querían pensar que podrían tener fantasmas en casa. Quizás ratas, cucarachas u otro tipo de alimañas vivían con ellos, pero jamás se les había pasado por la cabeza que pudieran estar sufriendo una infestación paranormal.

Aun así, empezaban a estar hartos de aquella historia, así que decidieron ir a pasar todo un día a Dover Plains, en Nueva York. Necesitaban desconectar de todas las cosas extrañas que les estaban ocurriendo en casa. Disfrutaron de un tiempo agradable en familia hasta que casi lograron olvidar la pesadilla que estaban empezando a vivir, la inquietud que los asfixiaba lentamente.

Al volver, todo empeoró.

Gerald, agotado, se tumbó en la cama de Marcia y se quedó mirando hacia el televisor apagado que había a los pies de ésta. Mientras tanto, Laura se fue a la cocina a preparar la cena. Fue entonces cuando el caos más absoluto se desató en la vivienda.

Según el libro *La casa más embrujada del mundo* (2014), de William J. Hall, varios platos salieron volando del fregadero de la cocina y se rompieron en mil pedazos. Un bloque de cuchillos, atornillado a la pared, se soltó. La mesa de la cocina, que era muy pesada, se volcó sola y derramó lo que había sobre ella por todo el suelo. La nevera comenzó a deslizarse por el suelo hasta terminar elevándose 15 centímetros y un televisor que había cerca del fregadero cayó sobre el pie de Laura Goodin y le fracturó dos dedos.

Tras todo lo ocurrido la familia no supo qué hacer. Nunca antes había experimentado nada parecido y, por lo tanto, no supieron cómo reaccionar. Pero tal y como había comenzado, todo se detuvo y pudieron cenar tranquilamente. ¿A dónde habrían podido ir? ¿A quién podrían haber acudido? Según varias fuentes consultadas, no tenían a ningún familiar cerca para pedirle ayuda y, de todos modos, nadie les habría creído.

Pero no os penséis que la historia acaba aquí. En cuanto terminaron de cenar, aquella misma noche, la fenomenología paranormal volvió a desatarse en el hogar de los Goodin. Gerald aseguró haber sentido una presencia extraña en la cocina y que, después de ello, varios objetos del baño salieron despedidos por los aires mientras Marcia se encontraba en él.

La mañana del 24 de noviembre de 1974, cuando Gerald fue a la cocina a preparar el desayuno, se encontró de nuevo con una esperpéntica escena. La mesa de la cocina estaba volcada en el suelo, pero ningún miembro de la familia la escuchó caerse la noche anterior y la nevera estaba inexplicablemente bloqueando la puerta de la cocina que daba al exterior.

El hombre, al ver esto, decidió ir al dormitorio principal para alertar sobre ello a su mujer, pero, justo cuando cruzó el lindar de la puerta, un crucifijo y una fotografía de Jesús fueron arrancados de la pared y lanzados contra el suelo. Otro crucifijo, que se encontraba sobre la puerta del dormitorio de Marcia, también cayó al suelo, y se rompió en mil pedazos. Las sillas de la sala de estar comenzaron a inclinarse de un lado a otro y, poco a poco, los ruidos que siempre les habían estado atormentando volvieron a invadir todas las estancias. Aquello era una completa locura, por ello los Goodin salieron a toda prisa de la casa y decidieron pedir ayuda.

En aquellos momentos, la hija adolescente de un policía que vivía al otro lado de la calle estaba paseando a su perro justo delante de su casa. Así que la detuvieron y le pidieron que, por favor, llamase a su padre.

Para conocer cómo se desarrollaron los sucesos a partir de aquella fecha, contamos con el testimonio de Ed y Lorraine Warren, un reconocido matrimonio de parapsicólogos estadounidense. Según Ed, Parrish —que así se apellidaba el policía en cuestión— acudió lo antes posible a la casa. Una vez dentro del inmueble, se encontró con una residencia que parecía haber sido desvencijada por un grupo de ladrones. Estaba todo patas arriba: muebles tirados por el suelo, cortinas descolgadas… Pero el desorden no fue lo más impactante de todo ya que, mientras recorría las diferentes habitaciones, pudo presenciar eventos totalmente inexplicables. El televisor de la sala de estar giró 35 grados, los sillones se sacudieron y el refrigerador se deslizó por el suelo sin hacer ruido ni dejar marcas. El agente Parrish buscó una explicación racional a lo que estaba presenciando, pero fue incapaz de encontrarla, así que, finalmente, optó por pedir refuerzos.

A su llamada acudieron cuatro agentes en dos coches patrulla y, todos ellos, una vez dentro del inmueble, vieron con sus propios ojos cómo el refrigerador se elevaba unos 15 centímetros por encima del suelo sin hacer ruido. Pero, sin duda alguna, lo más impactante de todo fue que, mientras los adultos presenciaban atónitos aquellos acontecimientos, la pequeña Marcia estaba viendo la televisión en la sala de estar sin inmutarse por lo que ocurría a su alrededor. Era como si viviera ajena a los eventos paranormales que la rodeaban.

¿Acaso no se daba cuenta de lo que pasaba a su alrededor, o es que ella tenía algo que ver con todo aquello?

Todo era demasiado siniestro como para que cinco policías pudieran hacerle frente así que, sin saber muy bien qué hacer, pidieron refuerzos al equipo de bomberos de Bridgeport. Al llamado, en primera instancia, acudieron 10 bomberos acompañados de un capellán. Ante la presencia de tantas unidades, los vecinos salieron a la calle y se arremolinaron en torno a la diminuta casa.

Nuevos eventos insólitos continuaron azotando el 966 de la calle Lindley aquella noche. Las sillas se arrastraron por el suelo, diferentes objetos volaron por los aires y, en aquella ocasión, no sólo lo presenciaron los agentes de la ley sino también todas las personas que habían salido de sus casas para asomarse a las ventanas. Por ello, como cabría de esperar, la historia no tardó en extenderse como la pólvora.

Reporteros de los estados de New Haven y Nueva York fueron enviados allí para cubrir el caso. Menos de un año antes se había estrenado en la gran pantalla la película *El exorcista* y, todos los periódicos se morían de ganas de cubrir un caso como aquél. Según varias fuentes, fue tal el impacto causado por los eventos de la calle Lindley, que más de 2000 personas se arremolinaron en torno a la pequeña casa.

Algunos acamparon en la puerta, otros vendieron bocadillos y todos juraban poder ver los eventos a través de las ventanas. Y no sólo eso, sino que, además, varias personas explicaron que habían visto los maceteros con forma de cisne que había en la puerta de la casa girar lentamente hasta quedar el uno mirando hacia el otro.

En mitad del revuelo mediático, Ed y Lorraine Warren entraron a escena.

En *La casa más embrujada del mundo*, se dice que quien alertó a los Warren fue un vecino de la zona. Sin embargo, en *Cazadores de fantasmas* (2019), el propio Ed Warren asegura que quien les alertó fue una amiga suya llamada Sue. Esta mujer estaba haciendo el seguimiento del caso y recopiló los suficientes testimonios y pruebas como para considerarlo un auténtico evento poltergeist. Así que llamó por teléfono a Ed para que él y su mujer lo investigasen.

Ed Warren fue el primero en acudir a la calle Lindley y, debido a la gran cantidad de gente que se agolpaba en torno a la pequeña casa, no le resultó muy difícil saber cuál era.

«Nunca olvidaré la sensación. Yo estaba subiendo por la colina y allí abajo pululaban todas esas personas. Era como si fuera el fin del mundo y aquella pequeña casa fuera el único lugar donde aún quedaba algo de comida», declaró Ed Warren en *Cazadores de fantasmas*.

Una vez que el investigador se identificó ante los agentes que custodiaban la entrada de la calle, lo acompañaron hasta la puerta y lo dejaron pasar al interior de la casa. Probablemente, Ed no esperaba encontrarse con lo que le aguardaba en el vientre del hogar de los Goodin. Quizás imaginaba un evento poltergeist de baja intensidad, o sensaciones e imágenes creadas por la sugestión, todo sumado a la histeria colectiva. Sin embargo, los eventos del 966 de la calle Lindley lo abrumaron.

Cada poco tiempo algo se volcaba, caía al suelo o era arrancado de la pared. Así que, cuando volvió a casa, se lo contó todo a Lorraine y juntos prepararon una visita conjunta.

Cuando Ed Warren regresó a la calle Lindley, lo hizo acompañado por su esposa Lorraine y el padre Fred Garvey, con el objetivo de que éste intentase bendecir la casa. Quizás daban por hecho que los eventos podían deberse a intensas corrientes de agua subterránea, quizás pensaban que la casa podía estar siendo sacudida por la presencia del inquilino anterior... Pero, tras inspeccionar toda la construcción, el sacerdote decidió pasar algún tiempo a solas con la hija de los Goodin, Marcia.

Al parecer, los eventos que ocurrían en la casa tenían siempre algún tipo de relación con ella y con su gato Sam.

Sam era un gato de pelaje anaranjado que nunca antes había dado problemas a sus dueños, pero, con la llegada del poltergeist, las cosas cambiaron hasta el punto de que varios agentes de policía aseguraron que aquel gato podía hablar. Cuando estaban en la misma habitación que Sam, creían escuchar una voz y, al bajar la mirada, la única fuente de sonido posible era él.

El padre Garvey era un experto en demonología. Había estudiado en la Universidad Pontificia de Roma y, con anterioridad, había tenido que hacer frente a varios casos como aquél. Casos en los que, supuestamente, varios animales habían mostrado capacidades sobrenaturales como aquélla. Por ese motivo, decidió entrevistar directamente a la niña.

A raíz de conversar con la pequeña, el sacerdote se percata de que el problema no es que el gato sea capaz de hablar, sino que los demonios que habitaban la casa intentaban asustar a los seres humanos haciéndoles creer que el gato hablaba. Los niños que tienen problemas emocionales suelen atraer con su dolor a entidades demoníacas. Y éstas, una vez entran en la vida de alguien, difícilmente quieren marcharse.

Fueron múltiples los eventos que los Warren experimentaron en el interior de aquella casa. Sin embargo, el más llamativo le sucedió a Lorraine. Sin saber cómo ni por qué, fue atacada por una fuerza invisible. Mientras estaba sentada en una silla, comenzó a gritar. Sentía que le ardía la mano y, al mirarla, se percató de que algo o alguien acababa de producirle una terrible quemadura.

En otra ocasión, un seminarista invitó a la oración a la familia Goodin. Y cuando todos se unieron al rezo, una forma oscura golpeó a este hombre. Evidentemente, él supo al instante que aquella cosa era una entidad demoníaca así que, al momento, agarró a Marcia en brazos y la sacó de la casa. Pero la energía que poseía aquel ser era tan intensa que logró seguirles hasta la puerta de la casa del vecino.

Me encantaría deciros que, gracias a las pesquisas de los Warren y otros investigadores de lo paranormal, esta historia tuvo un final feliz. Un bonito desenlace habría sido la guinda del pastel y, probablemente, nos habría dejado a todos con buen sabor de boca. Pero lamento comunicaros que no fue así.

Pese a la gran cantidad de testigos y documentos que acreditaban que lo que allí había ocurrido era cierto, el comisario de Bridgeport emitió un comunicado de prensa en el que explicaba que todo había sido una farsa. Que todos habían sido engañados por una niña de nueve años que había sido enviada a un centro especializado para recibir tratamiento debido a su epilepsia. Negaban que los eventos fueran de tipo sobrenatural y, a partir de entonces, el caso se cerró.

Pero aquello no tenía ningún sentido. ¿Cómo una niña de nueve años podía haber provocado que una nevera se levantase del suelo? ¿Cómo era posible que la acusaran de ser capaz de crear un fenómeno poltergeist tan complejo y espectacular?

Por un lado, tenemos que los eventos acontecían tanto en presencia de Marcia como cuando ella estaba fuera de la casa. Y, además, sabemos que la pequeña sufría graves problemas de espalda. ¿Cómo habría podido levantar muebles tan pesados y hacer creer a todos que era cosa de fantasmas? ¡Es impensable!

Muchas fuentes consultadas han llegado a considerar que decir públicamente que todo había sido una farsa era una forma de proteger la intimidad de la familia Goodin pero, de haber sido ésa la intención, no parece que la cuestión se plantease del todo bien. Cerrar el caso empeoró gravemente la situación. Los agentes de la ley abandonaron la escena y dejaron que la multitud se acabara dispersando sola. Ni siquiera repararon en el hecho de que, hasta que dejara de ser una novedad, el interés en el caso no disminuiría.

Por culpa de este error de cálculo, personas de todo tipo trataron de hacer destrozos en el 966 de Lindley Street.

Se dice que una pareja intentó quemar la casa para liberarla del demonio y que algunas personas lanzaron piedras a los cristales con ese mismo fin. Pero quizás lo más escandaloso fueron los ataques personales contra la familia Goodin. Algunos consideraron de muy mal gusto que una familia de clase media-baja se inventara un evento poltergeist para llamar la atención, así que decidieron rajar los neumáticos de su coche para dejarles claro que no los querían en el barrio. Y no sólo eso, sino que, además, algunas fuentes sostienen que gran cantidad de personas dejaron de dirigirles la palabra.

Ante tal acoso, el día 10 de enero de 1975, la familia Goodin decidió poner su casa a la venta. La cantidad por la que vendían su propiedad era de 21 500 dólares pero, por desgracia, jamás consiguieron venderla. Repintaron su fachada y cambiaron completamente el aspecto de su jardín, pero, ni siquiera con eso, consiguieron marcharse de Bridgeport.

Según varias fuentes, esta historia acabó de un modo terriblemente triste. Laura Goodin murió en 1993, a la edad de 68 años, tras ser víctima de un accidente de tráfico y Gerald murió al año siguiente, a la edad de 78 años.

De Marcia nadie supo absolutamente nada hasta que, en el año 2015, se hizo pública su defunción. Falleció lejos de su familia, en Canadá. Y, según varias fuentes consultadas, lo hizo tras padecer durante varios años epilepsia y esclerosis múltiple, la misma enfermedad que acabó con la vida del primer hijo biológico del matrimonio Goodin.

Quizás lo más bonito de todo —si es que puede considerarse así— fue que los hermanos biológicos de Marcia fueron quienes finalmente se hicieron cargo de su entierro. Ellos recuperaron sus restos y oficiaron una ceremonia en las tierras que antaño pertenecieron a sus antepasados.

PARA SABER MÁS

HALL, WILLIAM J. : *The World's Most Haunted House: The True Story of The Bridgeport Poltergeist on Lindley Street*. Career Press, 2014.

WARREN, ED Y LORRAINE: 2019: *Cazadores de fantasmas*. Ediciones Obelisco, Barcelona, 2019.

El fantasma de Okiku

Existe una gran cantidad de leyendas de fantasmas en este mundo. Cada región tiene las suyas propias y, sin duda, las de Japón son de las más aterradoras que uno pueda escuchar.

Sin ir más lejos, en el país nipón existe la creencia de que, cuando alguien se quita la vida, fallece de un modo atroz o no recibe un entierro digno, se acaba convirtiendo en un *yūrei*, un espíritu lleno de rencor que vuelve a la vida cada madrugada con la intención de perturbar la paz de los vivos.

Según la tradición, estos seres normalmente son femeninos, tienen largos cabellos negros y carecen de piernas y pies. Se presentan ante sus víctimas vestidos con un kimono funerario de color blanco y abrochado del revés y, además, suelen estar acompañados por fuegos fatuos.

Algunos dicen que los *yūrei* suelen lamentarse en silencio por todo el dolor que su muerte causó, y que acostumbran a dejarse ver en torno a los cementerios o incluso en la zona en la que fallecieron. Sin embargo, existe una versión más oscura de estos seres, los llamados *goryō*.

Los *goryō* son fantasmas vengativos, espectros de seres humanos que antes de morir maldicen a una persona, y juran vengarse por algo que ésta les hizo en vida. Por ello, en Japón, el hecho de que alguien pronuncie las palabras «yo te maldigo» no se toma a la ligera o, por lo menos, no entre quienes respetan las tradiciones.

Se dice que el único modo de prevenir que el alma de un difunto se convierta en *yūrei* o en *goryō* es realizar un ritual muy similar a un exorcismo, justo cuando la persona fallece. Sacerdotes sintoístas o monjes budistas son contratados para llevar a cabo rituales para prevenir la aparición de estas entidades. E incluso, muchas personas emplean escrituras sintoístas santificadas –llamadas *ofuda*– para repelerlos. Pero, aun así, todavía hoy existen lugares famosos por ser escenario de la manifestación de estos seres.

Sin duda alguna, el lugar embrujado más famoso de Japón es el oscuro bosque de Aokigahara, un lugar escondido en la espesura del monte Fuji. Este bosque es conocido, desde tiempos remotos, porque se convirtió en el lugar en el que se abandonaba cruelmente a familiares enfermos y ancianos de los cuales las familias no podían hacerse cargo. Con el paso del tiempo, dichas prácticas dejaron de llevarse a cabo, pero, desgraciadamente, dejaron paso a otra igualmente terrible: el suicidio.

A diferencia de lo que ocurre en tradiciones como la cristiana y la musulmana, en Japón el suicidio no es considerado un tabú. De hecho, en determinadas circunstancias, se considera una muerte honorable. Por ello, para evitar causar daño a sus seres queridos, algunas personas se alejan de la civilización y se adentran en este frondoso bosque para acabar con su sufrimiento de mil formas distintas convirtiéndose, según la leyenda, en espíritus errantes.

Sin embargo, no quisiera contaros historias que todos conocemos y de las cuales ya hemos oído hablar en más de una ocasión. Incontables tragedias son asociadas con el bosque de Aokigahara y sus historias se han narrado en miles de ocasiones. Por ello, me gustaría adentrarme en una de las más siniestras de la tradición nipona: Okiku.

En la ciudad costera de Himeji, en la prefectura de Hyōgo, se alza un espléndido castillo plagado de historia. Éste es uno de los edificios más antiguos construidos durante el Japón medieval y, debido a su magnífico estado de conservación, no sólo se ha convertido en escenario de múltiples películas, sino que, además, en 1993, fue declarado Patrimonio de la Humanidad por la UNESCO.

En su interior, tiene rincones muy emblemáticos, tales como el Aburakabe o el jardín Koko-en. Sin embargo, entre ellos, hay uno que a muchos les inspira puro terror y éste es el pozo de Okiku.

Para conocer esta siniestra leyenda, debemos remontarnos hasta el siglo XVI, probablemente a los momentos en los que el castillo Himeji fue ocupado por el clan Kuroda. Se dice que, entre las élites que habitaban el enclave, se encontraba un samurái llamado Tessan Aoyama.

Él lo tenía absolutamente todo. Poseía poder, riquezas, estaba casado e incluso tenía hijos. Sin embargo, en un momento dado, se encaprichó de una joven y bella sirvienta llamada Okiku. La bondad de esta muchacha destacaba por encima de las demás y tenía un alma tan pura que, al parecer, llamaba mucho la atención.

Aoyama estaba acostumbrado a conseguir todo lo que quería. Con tan sólo chasquear los dedos, todos sus propósitos se hacían realidad. Por ello, cuando se encaprichó de la joven, se convenció a sí mismo de que, tarde o temprano, acabaría siendo suya.

La cortejó día sí y día también y, finalmente, le propuso convertirse en su amante, pero Okiku no quería aquello. En el Japón feudal era muy importante que las mujeres llegaran vírgenes al matrimonio, así que la muchacha se negó a aceptar la proposición de su señor.

Probablemente esperaba poder vivir un amor de cuento de hadas. Enamorarse perdidamente de alguien, ser correspondida, casarse y formar una familia. Por su parte, el samurái perfeccionó su proposición. Prometió a la joven que rompería lazos con su familia a cambio de que se convirtiera en su amante. Dijo que abandonaría a su esposa e hijos a cambio de que ella accediera a ser su nueva esposa, pero, nuevamente, Okiku se negó.

Quizás Aoyama no era su tipo. Quizás no confiaba en su palabra. Quizás tenía miedo de que, si se casaba con él, también la abandonaría por otra mujer.

Nadie sabe a ciencia cierta qué pudo pasar por su mente, pero la joven Okiku lo tenía muy claro.

—No –pronunció con decisión.

—Esto no quedará así –debió de sentenciar él–. Ten por seguro que lo pagarás muy caro.

Fue a raíz de la negativa definitiva de Okiku cuando Aoyama germinó una de las venganzas más sangrientas que jamás os hayáis podido imaginar.

Okiku, como tantas otras sirvientas, se encargaba del mantenimiento del castillo y de servir las comidas. Sin embargo, ella tenía una tarea muy especial. Era la encargada de cuidar del tesoro de la familia Aoyama. Un tesoro formado por un total de diez platos de oro.

Diariamente, la muchacha debía limpiarlos y contarlos con el fin de asegurarse de que no faltaba ninguno. Era una tarea muy importante, para la que sólo eran designadas personas de confianza y, Okiku, a lo largo del tiempo, había demostrado ser muy fiel a sus amos.

Por desgracia, Tessan Aoyama, lleno de resentimiento, decidió que toda la confianza que su familia había depositado en la joven debía desaparecer. Así que, una noche, cuando el castillo dormía, abrió el armario donde se guardaba la vajilla y robó uno de los platos de oro.

A la mañana siguiente, se acercó a la joven y le hizo saber lo que había hecho. Si aceptaba convertirse en su amante, devolvería el plato a su lugar, pero, si seguía negándose, la acusaría ante el señor del castillo de haber robado el plato. El robo en aquellos tiempos podía llegar a ser penado con la muerte, así que la chica no tenía escapatoria o, al menos, fue lo que creyó el samurái.

Okiku sabía que aceptar cualquiera de las dos opciones implicaba renunciar a su honor.

«¿De qué modo podría recuperarlo?», debió de preguntarse. «¿De qué modo podría restablecer aquello que estoy a punto de perder?».

Fue entonces cuando una terrible idea pasó por su mente.

La muchacha comenzó a correr por los pasillos del castillo y, huyendo como alma que lleva el Diablo, llegó hasta el pozo. Lo tenía muy claro. La única forma que tenía de salvarse era arrojándose al vacío y abandonar así toda esperanza de ser feliz algún día.

Existe también una segunda versión de esta historia, aún más sangrienta que la anterior. Nuevamente, nos remontamos a cientos de años atrás, concretamente a la era Edo.

Cuenta la leyenda que, en aquellos momentos, el castillo Himeji era gobernado por un hombre huraño y violento al que todos temían. Su mujer era constantemente víctima de sus malos tratos y, siempre que algún miembro del servicio cometía alguna falta, era sometido a castigos inimaginables. Aunque también se dice que muchas veces no era necesario que nadie hiciera nada malo para que el señor decidiera castigarlo. Disfrutaba del dolor y sufrimiento ajenos y cualquier excusa era buena para torturar a alguien en los calabozos.

En el castillo todo estaba calculado al milímetro. Todos tenían órdenes muy claras con respecto a las labores que debían cumplir. Unas determinadas personas eran las encargadas de preparar la comida y servirla, otras se encargaban de estar disponibles para los señores las 24 horas del día y, después, estaban los encargados de custodiar los tesoros de la familia. Se dice que la joven Okiku pertenecía al último grupo.

La tarea de la muchacha era cuidar de los platos favoritos de su señor, pero, como todo en el castillo, la labor no era sencilla. Aquellos platos estaban hechos de porcelana fina y presentaban ricas recreaciones pictóricas de paisajes bucólicos. Su misión consistía en que, mientras los limpiaba o cambiaba de lugar, no sufrieran ningún tipo de daño. Al mínimo arañazo o grieta, el culpable no sería el paso del tiempo, sino Okiku.

Un día, mientras la joven sirvienta realizaba sus quehaceres diarios, abrió el armario donde se guardaba la vajilla y comenzó a limpiar los platos mientras los contaba.

—Uno –pronunció. Pasó un paño húmedo sobre la pieza y la dejó reposar sobre la mesa. A continuación, volvió la vista hacia el armario y tomó la siguiente–. Dos–continuó.

Su tarea podría pareceros de lo más sencilla, pero, según esta versión de la historia, siempre que su piel rozaba uno de los platos le temblaba el pulso y un sudor frío recorría su espalda de punta a punta.

—Tres –pasó nuevamente el paño sobre esta pieza pero, justo cuando estaba a punto de posarla sobre la mesa, el temblor de sus manos hizo que el plato se deslizara entre sus dedos y cayera al suelo rompiéndose en mil pedazos.

La muchacha se quedó paralizada unos instantes.

Por su mente pasaron mil opciones distintas: ocultar su falta, culpar a otra persona, escaparse del castillo… Pero tras reflexionar unos instantes, decidió presentarse ante el señor y confesar su gran error.

«Quizás, si soy sincera» pensaría ella, «muestre un poco de clemencia conmigo. Al fin y al cabo, sólo es un plato. Él podría tener todos los que quisiera y más».

Bajo esa premisa, ideó un plan. Le contaría lo que había sucedido a la esposa del amo y ésta, como era una mujer bondadosa y comprensiva, se lo contaría a él intentando suavizar el golpe. Si el plan salía bien, Okiku podría conservar su vida. Probablemente recibiría algunos golpes y sería recluida durante unos días en los calabozos pero, al salir, su vida volvería a ser la misma de siempre. Por desgracia ninguna de las versiones de esta leyenda tiene un buen final, ya que el señor del castillo fue incapaz de perdonar este error.

Su esposa hizo todo lo posible por intentar tranquilizarlo, pero él no atendía a razones y, totalmente fuera de sí, se dispuso a ajusticiar a la joven Okiku. Estaba decidido a castigar severamente a la muchacha que había roto uno de sus platos favoritos. No importaba si había sido un accidente o si lo había hecho a propósito. Lo había roto y aquello era inaceptable.

Ordenó a sus hombres que la buscaran por todos los rincones del castillo, que mirasen en todas las estancias, que rebuscaran en los armarios y que, de ser necesario, mirasen también bajo las piedras. Aunque, cabe decir, que ningún soldado logró atraparla ya que ella misma se acabó entregando.

El amo no sabía muy bien cómo castigarla, pero de algo sí estaba seguro, y era que la joven iba a sufrir terribles torturas que acabarían conduciéndola a la muerte.

Una vez la tuvo delante, ordenó a los guardias que la llevaran a los calabozos y, allí, la ató a una silla y comenzó a hacerle preguntas.

—¿Por qué arrojaste el plato al suelo? –debió de preguntar.

—No lo arrojé, mi señor –debió de responder ella–. Se me escurrió entre los dedos y no pude detener su caída.

—¿Se te escurrió?

—Sí, mi señor.

—¿Entre los dedos?

En aquel punto, ella debió de afirmar con nerviosos movimientos de cabeza. Quizás pensó que todavía tenía una pequeña posibilidad de sobrevivir pero, pronto, toda esperanza se disiparía de su mente.

—Supongo que eso tiene una solución, mi joven Okiku –continuaría él, inclinándose ligeramente hacía atrás y cruzándose de brazos.

—¿Cuál, mi señor?

—Si no tienes dedos no volverán a escurrirse más platos a través de ellos.

La chica palideció al instante. Sin sus dedos no podría volver a trabajar en el castillo. No podría realizar los quehaceres para los que había sido instruida y, en aquellos tiempos, con un defecto como aquél, le resultaría muy complicado encontrar un buen marido.

Okiku suplicó clemencia, pero el señor fingió ser incapaz de escucharla. Agarró un *tantō* –arma corta muy similar a un puñal–, lo afiló ante la atenta mirada de la joven y se acercó lentamente a ella.

Se dice que los gritos de la muchacha resonaron por todo el castillo y que quienes se encontraban paseando por los jardines pudieron sentir su dolor.

No queda muy claro si la decisión de cortarle los dedos fue proclamada de forma pública o si el señor del castillo decidió llevar a cabo el castigo sin informar a sus súbditos de ello. Sin embargo, lo que sí está claro es que nunca pensó en cortarle todos los dedos en un mismo día. Cada noche, antes de dormir, el hombre visitaba los calabozos con su *tantō* en la mano y, con una increíble sangre fría, le cortaba otro dedo a Okiku. Después de aquello, se quedaba un buen rato viéndola sufrir. Disfrutaba escuchándola gritar a pleno pulmón y viendo cómo se retorcía en la silla. Cuando había acabado, limpiaba su *tantō* con un trapo y se iba a la cama.

La tortura iba a durar un total de diez días y, por ello, Okiku era alimentada por el servicio del castillo. Aquélla era la nueva diversión del señor y debía mantenerse fuerte para no morir pronto porque, de hacerlo, otro sirviente ocuparía su lugar.

Nadie quería pensar qué ocurriría cuando Okiku se quedara sin dedos.

«¿La acabará matando?», se preguntarían los soldados.

«¿Le cortará también los dedos de los pies?», se preguntarían los miembros del servicio.

«¿La dejará libre en algún momento?», se preguntaría la esposa del señor, quien por entonces debía de sentirse muy culpable.

Nunca se supo qué fue lo que el amo tenía en mente, pues Okiku no esperó para averiguarlo. Quedarse sin dedos implicaba una muerte en vida, así que la muchacha suplicó a los sirvientes que la alimentaban que la dejaran libre.

Algunas fuentes dicen que la joven finalmente recibió ayuda por parte de otro sirviente y otras que, por miedo a ser los siguientes en ser castigados, nadie la ayudó. El servicio se limitaba a darle de comer y asegurarse de que su cuerpo soportaría la amputación de los siguientes dedos así que, la muchacha tuvo que idear un plan para escapar.

Durante un cambio de guardias, se zafó de las cuerdas que la retenían y corrió por los pasillos en dirección al exterior. Sin embargo, pronto alguien dio la voz de alarma y decenas de hombres armados comenzaron a buscarla por todas partes.

La chica era consciente de que, si la atrapaban, el castigo sería mucho peor. Quizás le amputarían un brazo entero o quizás el señor decidiría ejecutarla públicamente, así que decidió acabar con aquella tortura.

Corrió en dirección al pozo del castillo y, antes de que uno de los guardias pudiera atraparla, dejó caer su cuerpo en la inmensidad y, a partir de ahí, todo se volvió oscuridad.

Tras la muerte de Okiku, el señor del castillo se volvió una persona aún más cruel y despiadada. Había perdido su entretenimiento favorito y alguien debía suplirla en los calabozos. Sus reglas se volvieron más estrictas y su vigilancia para con el servicio se intensificó. Buscaba el mínimo error para seguir torturando a inocentes, pero una noche el reino de maldad que aquel bárbaro había implantado llegaría a su fin.

Cuenta la leyenda que, en torno a las dos de la madrugada, cuando todos dormían, unos llantos desgarradores emergieron de las profundidades del pozo del castillo. La potencia de aquella voz hizo que todas las personas que vivían en él abrieran los ojos de par en par.

—¡Es la voz de Okiku! —exclamaría uno de los guardias que custodiaron su celda.

—¡Ha vuelto para vengarse! —diría aterrada la esposa del señor del castillo.

Se dice que los llantos se prologaron durante varios minutos. Minutos que, para todo ser viviente, parecieron horas. Y así se lo expresaron al señor del castillo a la mañana siguiente.

—¡Estupideces! –debió de exclamar él alzando una ceja–. Esa mujer está muerta. Cayó en el pozo y ya no volvió a salir. Los fantasmas sólo son reales en cuentos y canciones.

Pero el señor lamentaría sus palabras pues, aquella noche, nuevamente a las dos de la madrugada, todos volvieron a escuchar el aullido de la sirvienta. Y cabe decir que con más claridad que la anterior. La voz de la muchacha no sólo expresaba un terrible dolor, sino que, en un momento dado, comenzó a contar.

—Uno... Dos... Tres...

¿Acaso desde el más allá seguía contando los platos de su amo?

Por cada número que pronunciaba, más cercana se escuchaba la voz. Era como si estuviera contando los pasos que daba para acercarse a un tesoro. Y cuando llegó al número nueve, gritó con fuerzas. Aquel número debió de ser el del plato que le costó la vida.

Se dice que, en aquella segunda ocasión, también el señor del castillo la escuchó gritar pero que ni siquiera se movió del futón en el que dormía. Quizás por miedo o porque era incapaz de comprender lo que estaba ocurriendo. Simplemente se quedó con los ojos abiertos de par en par y en el más sepulcral de los silencios.

A la mañana siguiente, el hombre parecía cansado. No se entretuvo a vigilar las faltas del servicio y tampoco fue capaz de golpear a su mujer. Era como si el miedo que sentía en su interior le impidiera liberar la maldad que corría por sus venas. Pero intentar ser una persona de bien no le serviría de nada, ya que el *yūrei* de Okiku no le iba a poner las cosas tan fáciles.

Aquella noche, a las dos de la madrugada, los lamentos volvieron a escucharse. La voz, desde las profundidades del pozo, volvió a contar los nueve platos y volvió a gritar. Cuando el grito se escuchaba, todos sabían que la pesadilla había terminado, pero aquella noche todo fue distinto. La sensación de incomodidad continuó y todos supieron que Okiku había salido del pozo.

El fantasma de la muchacha vagaba por los pasillos vestido con un kimono funerario, con sus largos cabellos negros cubriéndole el rostro y acompañado por pequeñas luces de colores que flotaban a su alrededor. Se dice que la intensidad de aquellos fuegos fatuos atravesaba las espesas puertas correderas y que todos, al sentir su presencia, quedaban paralizados por el miedo.

El fantasma recorrió el castillo hasta dar con la habitación del señor y, cuando lo tuvo delante, lo único que todos escucharon fue el grito desgarrador de aquel hombre.

Cada noche, a partir de entonces, el fantasma de Okiku repetía la misma operación. Primero contaba los nueve platos que quedaron sin romper, después se lamentaba, gritando a pleno pulmón, y, finalmente, emergía de las profundidades del pozo en el que perdió la vida y salía en busca de la persona que provocó su muerte.

No se sabe nada respecto a qué le ocurrió al señor del castillo. Algunas versiones dicen que murió a causa de un infarto causado por el miedo que le provocaba ver, cada madrugada, el espíritu perturbado de la joven Okiku. Otras interpretaciones dicen que tanto él como el resto de miembros de su familia acabaron abandonando el castillo para no volver jamás. Lo único que realmente podemos comprobar es que, hoy en día, el pozo está cubierto por barras de hierro.

Algunos dicen que dichas barras han sido colocadas para evitar que los turistas se acerquen y caigan en su interior, pero las voces más conservadoras afirman que se trata de un sistema para mantener encerrada el alma de Okiku.

Actualmente, no sabemos si los lamentos de la muchacha siguen resonando a través de los pasillos del castillo Himeji, pues no hay testimonios recientes que puedan corroborarlo. Los rumores, como ocurre en todas las leyendas, siguen circulando y nunca falta alguien que asegura haber sentido la presencia de Okiku mientras recorría cada rincón del enclave. Pero, lamentablemente, no tenemos grabaciones que registren sus lamentos ni tampoco fotografías que muestren el fulgor de los fuegos fatuos que la acompañan.

¿Será sólo un cuento de terror japonés o una historia real que se ha difuminado con el paso de los años? Probablemente, jamás lo sepamos del cierto.

PARA SABER MÁS

www.vix.com/es/cine/175131/el-fantasma-de-okiku-conoce-la-escalofrian-
te-historia-en-la-que-se-basa-the-ring

www.tallon4.es/2014/04/guia-negra-el-castillo-himeji-y-el-pozo-de-okiku/

www.himeji-castle.gr.jp/index/English/index.html

II

SERES DE OTRO MUNDO

LAS BANSHEE

La última vez que oí hablar acerca de las banshee fue en la reciente temporada de la serie *Las escalofriantes aventuras de Sabrina*, la adaptación televisiva de la saga de cómics que recibe el mismo nombre. De hecho, me volví completamente loca al leer el tweet que publicó Roberto Aguirre-Sacara, director creativo de Archie Cómics, en el que mostraba la fotografía de uno de estos personajes acompañada del siguiente mensaje: «¡Una escena de la filmación de ayer de #sabrinanetflix! La temible banshee ha llegado, pero ¿qué Spellman morirá?».

Recuerdo que, nada más leer el tweet, se me puso el vello de punta. Era consciente de que, si en la temporada aparecía uno de aquellos seres, eso significaba que uno de mis personajes favoritos iba a dejar de existir. La curiosidad me podía, así que decidí leer las respuestas que había recibido su mensaje para ver si alguno de los seguidores de la serie tenía teorías con respecto a qué personaje podía ser. Fue entonces cuando me di cuenta de que, una gran cantidad de personas, no tenían la menor idea de lo que era una banshee.

Fueron un total de 189 respuestas y ninguna de ellas parecía ser realmente consciente de lo que aquello significaba. Por un lado, estaban aquellos que preguntaban por otra serie —sin tener el más mínimo respeto por el tema que se trataba en el tweet— y, por otro, estaban aquellos que habían comprendido que las banshee traían la muerte porque el propio Roberto Aguirre-Sacasa lo había aclarado en su mensaje con su «¿qué Spellman morirá?».

Para conocer la verdad oculta tras estos seres debemos remontarnos a la Irlanda del siglo VIII. En aquellos tiempos, gracias a las tradiciones celtas, existía la creencia en la existencia de unos seres que anunciaban la inminente llegada de la muerte. El termino *bean sídhe* o *bean sí* (anglicanizado como banshee) significa «mujer de paz» o «mujer hada». Se trataba de seres que, materializados bajo la forma de una dama, se lamentaban por la muerte de un ser querido.

Sus llantos eran desgarradores y todo aquel que era capaz de escucharlos era automáticamente consciente de que o él o alguno de sus seres queridos iba a perder la vida de un momento a otro.

Estos seres tomaban muchas formas distintas. La primera, y la más famosa, son los tres estados de la vida: la juventud, la adultez y la vejez, haciendo alusión a la Triple Diosa celta. La juventud era representada por una joven de largos cabellos dorados, la adultez por una dama vestida de negro y, la vejez, por una anciana harapienta y enjuta. Fuera cual fuera la forma que adoptaran las banshee, en todas ellas, compartía características comunes: tez pálida y mortecina, extrema delgadez y ojos enrojecidos a causa de las lágrimas que habían liberado durante miles de años.

Algunas veces se las ve lavando ropa ensangrentada junto al río, otras peinándose el cabello con un reluciente peine de plata. Es por ello que, según las tradiciones, si encuentras un peine de plata, no debes recogerlo bajo ningún concepto, pues su mágica propietaria podría perseguirte y maldecir tu estirpe por la eternidad.

Dependiendo de la zona geográfica, tanto su aspecto como sus desgarradores llantos son de una forma u otra. En Irlanda se consideraba que eran damas altas y delgadas que portaban largos ropajes, en algunas ocasiones blancos y otras grises, con una capa gris con capucha. De forma excepcional, como en el caso del condado de Donegal, ubicado al noroeste de Irlanda, también se han presentado vestidas de verde, color relacionado con la magia y la hechicería. Otra excepción que merecía ser remarcada es la del condado de Mayo, ubicado en la costa oeste irlandesa, donde se decía que vestían atuendos fúnebres de tonalidades oscuras.

Los lamentos de estos seres, dependiendo de la zona geográfica en la que se escuchaban, tenían un sonido u otro. Por lo general, todo aquel que las ha escuchado ha asegurado que sus llantos han sido el sonido más terrible que han oído jamás. Que sus voces son tan agudas y punzantes que pueden quebrar vidrios y tímpanos con gran facilidad o que son como el arañado de unas largas uñas sobre la madera. Se dice que su dolor se transmite a través de su voz y que, al escucharlas, todo tu ser se estremece y el dolor por una pérdida que aún no ha llegado cala directamente en los huesos.

Las leyendas cuentan que las banshee tienen la capacidad de moverse muy rápidamente en la oscuridad y que, cuando eso ocurre, emiten un sonido similar al batir de alas valiéndose. Por ello se cree que una de sus formas más recurrentes es la del cuervo y la corneja, aves relacionadas con diferentes aspectos de la diosa celta Morrigan –*Macha* para el cuervo y *Badb* para la corneja.

Estos seres también se representan bajo la forma de otros animales asociados a la brujería como la liebre, la comadreja o el armiño y asimismo parecen ser capaces de ocultarse en el propio paisaje transformándose en formaciones rocosas, árboles y ríos.

Originalmente, las historias populares afirmaban que estos seres estaban únicamente al servicio de los principales apellidos irlandeses: los O'Neil, los O'Connor, los O'Grady, los O'Brien y los Kavanagh. Todas las familias portadoras de tan nobles apellidos eran personas de pura sangre celta y, por lo tanto, tenían el honor de gozar de los dones premonitorios de las hadas banshee. Sólo a ellos les era anunciada la venida de la muerte y se les preparaba emocionalmente para el dolor que sentirían más adelante.

A medida que pasaron los siglos, la historia se fue modificando. En la Edad Media ya no serían sólo esas cinco familias, sino todas las familias poderosas de Irlanda y, con la llegada del siglo XII, se consideró que incluso el fruto resultante de la unión entre nobles irlandeses a inmigrantes ingleses también podía gozar de los servicios de las hadas mensajeras.

Si un irlandés, honrado por las predicciones de las banshee, viajaba al extranjero e incluso echaba raíces muy lejos de casa, se dice que estos seres le seguían y continuaban honrando a su estirpe más allá de los límites de su tierra natal. Por ello se considera que la tradición se extendió a otros países como Estados Unidos, donde las banshee comenzaron a ser conocidas como demonios que, por las noches, se dedicaban a cazar almas. En España, concretamente en la región de Asturias, existe una versión muy particular de las banshee y son las llamadas lavandeiras: ancianas que frecuentan ríos y fuentes donde se las ve lavando ropa incansablemente.

En España, el origen de estos seres es completamente distinto al que se les otorgó en Irlanda, pues se dice que éstas nunca fueron seres feéricos sino mujeres que perdieron la vida a causa de una maldición, tras complicaciones en el parto o que fueron condenadas a vagar eternamente por perder a sus hijos sin haberlos bautizado.

Pero, pese a que su aspecto pueda transmitir una cierta ternura, son muy peligrosas, ya que suelen pedir ayuda a los transeúntes para acabar de lavar la ropa que portan consigo. Si aceptas, debes tener mucho cuidado con no retorcer la ropa en el mismo sentido que ellas y, si te niegas a ayudarlas, morirás a causa de una de sus terribles maldiciones.

En el Medievo la Iglesia católica intentó dar una explicación a la existencia de estos seres y es que, según los religiosos, aquéllas no eran las almas de mujeres que perecieron a causa de maldiciones sino de aquellas que, en vida, ejercieron una profesión muy particular: las plañideras. Mujeres, por lo general de avanzada edad, que acudían a entierros de nobles y lloraban desconsoladamente. Por increíble que nos resulte hoy en día, en la antigüedad esta profesión era muy solicitada por parte de las altas esferas ya bien por la falta de familiares que lloraran la muerte de un ser querido en concreto o por remarcar el prestigio de uno incluso después de la muerte.

Con la llegada del catolicismo, la Iglesia comenzó a mirar las antiguas prácticas con muy malos ojos. Por ende, al escuchar las leyendas y cuentos populares, decidió dar un sentido a las banshee que fuera más allá de todo lo establecido y ayudara a que ciertas profesiones dejaran de existir. Y es que la Iglesia aseguró que estos seres eran las almas de aquellas mujeres que, en vida, lloraron de forma deshonesta la muerte de otros. Al cometer aquella terrible falta, las almas de las plañideras quedaban condenadas a vagar eternamente llorando la muerte de los descendientes de a quienes lloraron falsamente una vez.

Otra explicación generada a partir de la anterior se haya implícita en una célebre muerte: la del rey Jacobo I de Escocia (1394-1437). La leyenda cuenta que, la noche antes de su muerte, el rey recibió una extraña visita. En mitad de la oscuridad se apareció ante sus ojos el alma en pena de un vidente irlandés y éste, con los ojos enrojecidos y la tez pálida y mortecina, anunció el fin de sus días.

«La muerte se aproxima, mi rey», debió de sentenciar. «Robert Graham y el conde Athol han jugado sus cartas y os esperan mañana con el abrazo de la muerte».

Algunas versiones de la leyenda cuentan que el rey se preparó para el día siguiente, otras que no le dio importancia a aquel perturbador encuentro pero, fuera cual fuera la actitud que decidiera tomar, el siguiente amanecer sería el único que verían sus ojos.

La leyenda del fantasma que advirtió su muerte no tardó en convertirse en una realidad para muchos. Por ese motivo, surgió una nueva versión acerca del origen de las banshee. Y es que hubo quien aseguró que éstas podrían ser las almas de algunas videntes que alguna vez sirvieron a determinadas familias de nobles con sus dones. Según el cristianismo la adivinación es un pecado que se paga más allá de la vida, por ello resultaría convincente creer que dichas personas, después de que sus corazones se detengan para siempre, no son capaces de hallar descanso.

Lamentablemente y, pese a que sus advertencias parezcan hechas de buena voluntad, se dice que las banshee no son precisamente bondadosas. Se asegura que hacen todo lo posible por ocultarse entre las sombras, que se esconden y toman distintas formas para enviar su mensaje y, al mismo tiempo, son inaccesibles para los mortales. Si alguien osa irrumpir en sus quehaceres o se atreve a faltarles al respeto, una terrible maldición acabará con su vida y reducirá a cenizas la de todos sus descendientes.

Muchos escritos antiguos aseguran que, lo mejor que se puede hacer tras ver a una banshee, es intentar protegerse de los seres de su especie. Al ser criaturas espectrales no poseen las mismas debilidades que los hombres, así que, si se quiere detener a una de ellas, debe buscarse refugio en santuarios sagrados. Otra técnica para huir de las malas artes de una banshee es desterrarla por medio de ciertas runas de origen celta o dibujar un pentagrama de sal en el suelo y sentarse justo en su centro.

Con la llegada del cristianismo muchos sacerdotes quisieron aportar su granito de arena con respecto al modo de detener a estos seres. La religión católica consideró a las banshee demonios que habían huido de los infiernos y se dedicaban a cazar almas que no habían sido bautizadas por ese motivo y, por ello, el mejor modo de combatirlas era abrazando la fe. Los representantes del catolicismo afirmaron que recibir el bautismo, portar encima un rosario y recitar oraciones al verlas podía garantizar a los fieles una eficaz defensa contra sus ataques.

Una de las historias más famosas relacionadas con la existencia de estos seres se remonta a los orígenes mismos de la leyenda y es la de «El granjero Galway». Se dice que este hombre nunca creyó en la existencia de los seres mágicos. Sólo creía en todo aquello que veía con sus propios ojos y era incapaz de ver más allá de su nariz.

Un día, mientras labraba los campos, creyó escuchar el lejano lamento de una mujer. Era un lamento desgarrador, agudo y punzante. Era algo tan terrible que no pudo evitar interrumpir sus quehaceres y levantar la vista y, fue en ese preciso instante, cuando la vio: en la lejanía, se hallaba una hermosa dama de rubios cabellos y tez blanquecina.

Dependiendo de la versión de esta historia la dama estaba realizando una labor u otra. Algunos dicen que se cepillaba el cabello junto al río, otros que lavaba ropas ensangrentadas en aguas cristalinas pero, sea cual sea la versión que elijamos, todas continúan del mismo modo.

«¿Será esa mujer una auténtica banshee?», debió de preguntarse Galway. «Quizás si la atrapo y se la muestro a los habitantes del pueblo me convierta en una leyenda».

El granjero dejó el campo atrás y corrió en dirección a la dama sin tener en cuenta la asombrosa agilidad que poseen estas criaturas. Se dice que la persiguió durante largo tiempo, que corrió tras ella atravesando estrechos senderos e introduciéndose por húmedas y siniestras grutas pero que, cuando estuvo a punto de atraparla, su corazón dejó de latir.

Encontraron su cuerpo tendido en mitad de la nada y, tras darle cristiana sepultura, todo Irlanda supo que la descendencia del granjero estaba condenada por la falta que éste había cometido.

Retar a una banshee, intentar capturarla o perturbar su paz está penado con una terrible maldición, y ésa fue la suerte que corrieron las siguientes dos generaciones de Galway.

El granjero tuvo un único hijo y su vida siempre había sido perfecta. Era un hombre honrado, trabajador y, en cierto momento, llegó a contraer nupcias. Pero, tras la extraña muerte de su padre, todo lo que había logrado en su vida quedó impregnado por la desgracia.

El hombre, al morir su padre, heredó la granja familiar. Aquellas tierras siempre habían dado buenos frutos pero, tras la repentina muerte del patriarca, se volvieron yermas y estériles. Los animales enfermaron, la tierra dejó de florecer y las aves dejaron de revolotear cerca de la propiedad.

Las gentes del pueblo, cuando las desgracias dieron comienzo, advirtieron al hombre de que aquél era el castigo que la banshee había dispuesto para su familia: que perdieran todo cuanto poseían. Pero él no quiso escuchar. Creyó que aquello simplemente era fruto de una serie de catastróficas desdichas.

«Mala suerte, sólo es eso», afirmaría con total seguridad. «Las maldiciones no son reales. Son cuentos creados para asustar a niños desobedientes».

Pero, antes de que pudiera darse cuenta, las cosas empeoraron.

Su primer vástago nació con una severa deficiencia mental. Todos creyeron que aquél era el culmine de la maldición y que después todo acabaría pero, con la llegada del segundo y el tercer vástago, la dolencia se repitió. Todos los hijos de aquel buen hombre nacían con deficiencia mental y una salud muy frágil, así que el matrimonio decidió dejar de tener descendencia.

Por desgracia, las maldiciones de estos seres siempre encuentran el modo de continuar emponzoñando la vida de sus víctimas y la banshee, al notar que había dejado de herir a la familia Galway, decidió atacar directamente la salud de su principal representante. Así es que el nuevo patriarca fue víctima de un terrible cáncer que acabó con su vida lenta y dolorosamente.

Sin duda alguna, las banshee siempre han sido seres muy temidos y respetados tanto dentro como fuera de Irlanda. Sin embargo, por increíble que pueda parecer, algunas pasaron a la historia con nombres propios y descripciones muy características. Quizás una de las más famosas fue la legendaria Aibhill, quien estaba al servicio de la noble familia O'Brien.

La leyenda cuenta que una noche, en el año 1014, mientras el anciano rey Brian Boru realizaba sus oraciones antes de dormir escuchó el chapotear del agua. Ante aquella extraña melodía se puso en pie y siguió el sonido hasta salir de su castillo y llegar al río cercano y allí, ante sus atónitos ojos, se apareció Aibhill, limpiando la ropa ensangrentada de varios soldados.

La dama, con los ojos enrojecidos y hundidos en su mortecino rostro, suplicó al caballero que no dirigiera sus tropas en la batalla de Clontarf, que se quedara en su hogar y no acudiera al encuentro pues, de hacerlo, perecería.

Otra versión de la leyenda –que parece tener más peso– es la que sostiene que Aibhill no se presentó ante el rey sino ante el líder militar Dunland O'Hartigan, quien era el lugarteniente de éste. La banshee en esta ocasión no se limitó a lamentarse, sino que decidió hacer un trato con el militar. Le ofreció doscientos años de vida y una gran felicidad y plenitud a cambio de que él no tomara parte de la batalla durante 24 horas. La dama, a cambio de pasar un día entero lejos del campo de batalla, le ofrecía una vida que muchos hubieran deseado. Por desgracia el caballero, dejándose llevar por su honor militar, no aceptó.

Fue entonces cuando Aibhill separó los labios y liberó su predicción:

—El destino está sellado –sentenciaría–. Conservaréis vuestra vida y los irlandeses obtendrán su victoria pero, al atardecer de la batalla de Clontarf, vuestro hijo y el mismísimo rey perecerán.

Cuando la predicción de la banshee se hizo realidad y el corazón de sus dos principales víctimas dejó de latir, los soldados juraron haber escuchado en la lejanía un desgarrador y escalofriante aullido femenino. Fue un lamento tan terrible que se convirtió en una leyenda que, durante años, circuló tanto entre las clases altas como en los estamentos más bajos de la sociedad.

Otra de las leyendas más famosas sobre estos seres aconteció cientos de años después, concretamente en 1801 en el condado de Monaghan, Irlanda. La familia Rossmore, al igual que otras tantas de alta cuna, desde tiempos inmemoriales, gozaba de los servicios adivinatorios de una banshee. Aquel ser siempre se aparecía para anunciar la muerte de alguno de sus miembros pero, desde hacía años, no había vuelto a hacerlo.

Por ello este ser se había convertido más en un cuento que contar a los niños que en una realidad. Pero, antes de que el nombre de este ser desapareciera para siempre de las mentes de los Rossmore, decidió regresar con más fuerza que nunca.

Según William Rossmore, sexto barón de dicha casta familiar, a principios de 1801, una enfermedad comenzó a asolar al anciano Robert Cunnigham. Él era el primer varón de la saga y siempre se había caracterizado por ser un hombre de carácter fuerte y gran determinación. Por desgracia, la dolencia que padecía le había ido consumiendo lentamente hasta menguar por completo sus fuerzas. Su muerte se aproximaba y toda la familia lo sabía, por ese motivo, William decidió avisar a algunos de sus más allegados.

Tras encontrarse en un salón de Dublín con sir Jonah y lady Barrington, quienes eran muy cercanos a Robert, les invitó a pasar la noche en Mount Kennedy, la residencia familiar.

—Está muy enfermo y su muerte se aproxima –debió de admitir William Rossmore–. Les recomendaría que acudieran mañana a la residencia familiar para despedirse de él. No creo que aguante mucho más.

Ante estas palabras, la pareja aceptó la invitación sin dudar y, tras ello, llamaron a su servicio para que preparasen su equipaje. La noche transcurrió sin incidentes: cenaron, deshicieron sus maletas y se fueron a la habitación que la familia les había asignado pero, cuando ya se encontraban profundamente dormidos, el ambiente se tornó muy espeso.

En torno a las dos de la madrugada, un desgarrador grito perturbó el descanso de sir Jonah quien, visiblemente alterado, despertó a su esposa. Ambos se pusieron en pie y corrieron en dirección a la ventana para observar el entorno. Los jardines permanecían inalterados, iluminados por la tenue y mortecina luz de la luna. No parecía que nadie se hubiera colado en la propiedad y tampoco se veía nada fuera de lo común.

¿Acaso alguien se había hecho daño? ¿Acaso aquel sonido no había sido más que el aullido de un animal salvaje?

Sir Jonah pretendía aguardar unos minutos y ver qué ocurriría después, pero su esposa no se mostró de acuerdo. Tenía tanto miedo que, por si acaso, mandó llamar a su dama de compañía y la invitó a asomarse a la ventana junto a ella y su marido para ver si era capaz de observar lo que ellos no podían, pero la mujer se negó a hacerlo. Podía escuchar los lamentos pero, siendo conocedora de las leyendas, no quería cruzar su mirada con la de una banshee y que su estirpe quedara maldita por la eternidad.

Antes de que la señora de la casa pudiera replicar, sus labios fueron interrumpidos por nuevos lamentos, los cuales, en esta ocasión, fueron acompañados por palabras.

«Rossmore, Rossmore, Rossmore…», aullaba la voz.

Los Barrington se miraron el uno al otro. Sabían lo que significaban aquellos lamentos pero, aun así, decidieron permanecer en silencio. Si informaban a los Rossmore y aquélla no había sido más que una broma pesada, asustarían a la familia de forma innecesaria.

Pese a ello, antes de que pudieran hacer o decir nada, Lawyer, fiel sirviente de sir Jonah, irrumpió en la habitación con el rostro desencajado.

—¿Qué ocurre, Lawyer? –debió de preguntar el señor temiéndose lo peor.

—Señor, el criado de lord Rossmore acaba de comunicarme una terrible noticia –se interrumpiría para tomar aire y recuperar las fuerzas unos instantes–. Hace apenas unos minutos, Robert Rossmore ha sido hallado en sus aposentos agonizante.

—¿Qué ha ocurrido?

—Nadie lo sabe de cierto, mi señor, pero, antes de que pudiera darse la voz de alarma a toda la servidumbre, el lord ha fallecido.

Según cuenta la leyenda, tras este siniestro evento, el aullido «Rossmore, Rossmore, Rossmore…» se iría repitiendo durante las siguientes generaciones. Cada vez que un miembro de la familia perdía la vida, una banshee llegaba desde el más allá para alertar a todos de su inminente partida. Y así sucedió hasta que el corazón del último Rossmore dejó de latir, convirtiéndose de este modo en una de las leyendas más espeluznantes de la historia de Irlanda.

¿Tendrá esta historia una base verídica? La respuesta a esta pregunta la dejaré en vuestras manos.

PARA SABER MÁS

LAMONT-BROWN, R.: *Phantom Soldiers*. Drake Publishers, 1975.

https://enciclopediadelmisterio.fandom.com/es/wiki/Las_banshees_-_
  Esp%C3%ADritus_que_Anuncian_la_Muerte

EL WENDIGO

En el corazón de los profundos y frondosos bosques americanos se esconde, según el folklore, una de las historias más aterradoras del mundo. Una criatura cuya inteligencia e insaciable sed de sangre humana la convierten en una de las más aterradoras y peligrosas que jamás hayan pisado la tierra.

Quienes una vez aseguraron haberle visto dijeron que era tan rápido como un relámpago y tan feroz como un león pero, sobre todo, remarcaron que en sus ojos podía verse el mismísimo infierno.

La primera vez que escuché hablar sobre los wendigos fue en una serie titulada *Supernatural*. En ella, dos hermanos, Dean y Sam Winchester, recorrían el mundo enfrentándose a los seres legendarios más aterradores al son de *Carry On Wayward Son* de Kansas. Ni siquiera podía imaginar lo que eran aquellas criaturas hasta que vi aquella sombra corriendo entre los árboles y la tensión del capítulo pudo cortarse con la afilada hoja de un cuchillo. La forma en que presentaron su historia me heló la sangre y una sed de información invadió mi mente. Así que me puse manos a la obra.

El origen de este ser se remonta a los tiempos de los nativos americanos, más concretamente, a los pueblos algonquinos que habitaron la costa atlántica y las regiones de los grandes lagos.

Cuenta la leyenda que un wendigo antaño fue un ser humano que habitó en el interior de los bosques pero que, en cierto momento de su vida, comenzó a practicar el canibalismo. Algunos lo hicieron por necesidad, otros por un impulso irrefrenable e inexplicable de acabar con la vida de otra persona pero, fuera cual fuera su auténtica motivación, aquello le condenó a convertirse en bestia. La tradición dice que si un humano ingiere la carne de otro, un espíritu maligno se apodera de su cuerpo y lo transforma en un terrible wendigo.

Otra versión de la historia dice que el wendigo no es un hombre condenado por cometer un terrible pecado, sino un guerrero que vendió su alma al diablo para conseguir una forma terrorífica con la que defender a su tribu de las invasiones. Sin embargo, una vez acabado el enfrentamiento bélico, las mismas personas a las que salvó de una muerte segura, lo expulsaron y se vio obligado a refugiarse en el corazón de los bosques. Desde entonces, el wendigo no fue capaz de perdonar. Atormentado y colérico, se dedicó a cazar a los hombres que se perdían en sus bosques, sintiendo que aquél era el mejor modo de vengarse por lo que le hicieron.

Según cuentan, la última forma posible de convertirse en un wendigo es mediante los sueños. Se dice que, cuando dormimos, nuestra alma viaja a través de frecuencias muy inferiores a aquella en la que nos encontramos. Sin ser conscientes de ello, nuestra mente puede llegar a entrar en contacto con un espíritu maligno y éste, aprovechando que nuestro cuerpo está desocupado, lo posee convirtiéndonos en seres con un hambre voraz de carne humana.

Dependiendo de la región, estas criaturas son descritas de un modo distinto. Pese a ello, existen características determinadas que son mencionadas en todos los relatos sobre el wendigo: son seres muy altos y delgados, de colmillos largos, lengua afilada y grandes ojos de los que emana un malicioso resplandor. Algunas versiones dicen que presenta cornamenta de arce, otras que su piel suele ser amarillenta y otras que posee pelaje y una constitución extremadamente delgada. Sea como sea, todos los testimonios aseguran que, por más que devora carne humana, nunca acaba de saciarse, ya que ésa es su condena por haber cometido tan grave pecado.

Pese a ser un ser terrible y extremadamente feroz, se dice que todavía tiene reminiscencias de lo que antaño fue. A pesar de su transformación, el wendigo recuerda que las armas pueden herir su piel pero, sobre todo, tiene muy presente que el fuego puede quemarle, por ello lo teme y hace todo lo posible por huir de él. Sin embargo, también sabe que, si encuentra una fogata en mitad de la noche, cerca de ésta podrá hallar presas desprevenidas y no duda en buscar la luz en mitad de la oscuridad.

Es un ser astuto que sabe perfectamente cómo, cuándo y a quién cazar. Jamás debemos subestimar su capacidad como cazador pues, bajo ningún concepto, debemos pensar que se trata de una simple bestia famélica. Un wendigo, antaño, fue un hombre probablemente dedicado a la guerra, a la caza o a la pesca. Disfrutó del calor del fuego y de la compañía de otras personas, de manera que también conoce sus debilidades y sus miedos más profundos pues, tiempo atrás, también fueron los suyos.

Entre los años 1634 y 1760, una compañía de jesuitas se dedicó a cristianizar distintas áreas de la Nueva Francia en Norteamérica. Como era habitual en aquella clase de misiones, a lo largo de los años recogieron sus experiencias en una recopilación que posteriormente se titularía *Relations des Jésuites de la Nouvelle-France* y cabe decir que ésta no sería una recopilación normal y corriente.

Al principio, los textos se centraban en describir las zonas que cristianizaban y la cantidad de personas que asistían a misa pero, en cierto momento, se describió un evento terrible. En un capítulo narraron que, en una ocasión, un grupo de hombres, presos de una extraña psicosis, se abalanzó sobre mujeres y niños devorándolos vivos. Mordían, arañaban y despedazaban sin piedad, presos de una sed insaciable de carne humana, lo cual les dio a entender que habían sido poseídos por espíritus de wendigos.

Una de las historias más siniestras sobre wendigos la encontramos en torno al año 1878, cuando un nativo al que llamaban Swift Runner –corredor rápido– oriundo de la tribu cree, fue expulsado del poblado. Su comportamiento era una deshonra para la comunidad. Era alcohólico, agresivo y, constantemente, causaba conflictos con sus vecinos. Por desgracia, su expulsión también implicaba la de toda su familia, por lo que recogieron juntos todas sus pertenencias y se refugiaron en los bosques.

Los meses pasaron y la tribu cree, poco a poco, se fue olvidando de que una vez conoció a aquel hombre. Pero, antes de que su último rastro desapareciera por siempre de sus mentes, Swift Runner volvió a aparecer. Lo encontraron cerca de la iglesia en un estado verdaderamente lamentable. Estaba sucio, desorientado y era incapaz de responder a las preguntas que le hacían con claridad. Balbuceaba, temblaba y en sus ojos podía verse reflejado el más puro terror.

—Todos han muerto. Mi mujer, mis hijos…, todos ellos —señalaría, sin dejar de temblar—. Yo soy el único que queda con vida.

Durante largo rato, el hombre no fue capaz de decir otra cosa. Repetía una y otra vez las mismas palabras pero, por fin, pudo arrojar un poco de luz sobre lo ocurrido. Contó que sus seres queridos habían fallecido a causa del hambre y la sed, que vagaron durante semanas en busca de un poblado donde reabastecer sus provisiones, pero que acabaron cayendo en brazos de la muerte.

Al escuchar esta historia, los sacerdotes fruncieron ligeramente el ceño. Había algo en sus palabras que no tenía ningún sentido. A tan sólo dos días del poblado había una conocida compañía que ofrecía alimentos de forma desinteresada para que los más necesitados pudieran pasar el invierno refugiados en las montañas. Todo el mundo en aquellas tierras conocía el lugar y sabía perfectamente dónde encontrarlo.

«Todo el que tenga problemas sabe que es allí donde tiene que acudir», debieron de susurrarse unos a otros. «Hay algo en su historia que no tiene sentido. Debemos enviar a alguien en busca de la cabaña de su familia para ver si es cierto lo que cuenta».

Bajo esta premisa, un grupo de personas decidió pedirle a Swift Runner que los llevara hasta su cabaña, aquella en la que vivió junto a su mujer e hijos durante los últimos meses. Intentaron llegar hasta ella en varias ocasiones, pero el hombre los conducía siempre por rutas erróneas, haciéndolos atravesar senderos siniestros e incluso grutas ocultas entre la maleza, tal vez con la esperanza de que, agotados o inquietos, abandonasen su propósito… Con todo, sus antiguos compañeros de tribu insistían en hallar el refugio en el que se habían resguardado al ser expulsados, por lo que, finalmente, los guio hasta el lugar.

El enclave reveló un escenario dantesco. La cabaña estaba revuelta y en su interior se hallaban los cadáveres de todos los miembros de la familia de aquel hombre. Uno de los hijos de Swift Runner parecía haber fallecido de forma natural pero, los ocho restantes, habían sido asesinados brutalmente. Su piel había sido arrancada de los huesos, los cuales estaban quebrados y vaciados y, todas las paredes y suelos se veían manchadas de sangre. Era una imagen tan sobrecogedora y violenta que más de uno de los presentes tuvo que cubrirse el rostro o incluso salir de la cabaña para tomar el aire.

Antes de que los presentes sacaran sus propias conclusiones, Swift Runner decidió confesar. Dijo que él había sido el autor de aquel terrible crimen, pero aseguró que no lo hizo por voluntad propia sino porque el espíritu de un wendigo poseyó su ser y le obligó a devorar la carne de las personas que más quería en el mundo. Fuera o no cierta su versión de los hechos, los cree no podían permitir que sus actos quedaran impunes, así que lo apresaron y lo condenaron a muerte.

Entre los nativos norteamericanos existe la creencia de que, cuando una persona se adentra en los bosques y no regresa, es porque un wendigo le ha dado caza y se ha alimentado de su carne. Pero no penséis ni por un instante que estos seres capturan a sus víctimas como lo haría un lobo, pues hay que tener en cuenta que ellos antaño fueron seres humanos. Son astutos, muy inteligentes y tienen la capacidad de imitar voces a la perfección. Piden ayuda a pleno pulmón y, de este modo, atraen a sus víctimas hacia lo más profundo de los bosques y, cuando la tienen acorralada, saltan sobre ellas acabando con su vida.

A finales del siglo XIX, la creencia en la existencia del wendigo había calado en los corazones de todos los habitantes de los pueblos aledaños a los bosques. Todos ellos estaban firmemente convencidos de que había algo oculto en la espesura, algo que no podían explicar con palabras. Y es que, aunque parezca increíble, cada día que pasaba se daban a conocer más y más avistamientos de aquella criatura.

Uno de los casos más sonados fue, sin duda alguna, el de Félix Auger. Félix, también conocido como Napanin, en el año 1896, decidió visitar a su padre junto a su esposa e hijos. El hombre vivía en la reserva indígena canadiense de Trout Lake (Alberta) y para llegar hasta allí la familia debía recorrer una distancia de alrededor de unos 50 kilómetros. Aquél era un recorrido que Napanin conocía a la perfección. De hecho, muchos han llegado a asegurar que podría haberlo recorrido incluso con los ojos cerrados. Conocía cada roca, cada árbol y cada mala hierba del bosque que debía cruzar pero, aun así, aquella ocasión la historia fue distinta.

Napanin y su familia concibieron el viaje del modo más organizado posible: recogieron provisiones, calcularon la ruta, etc. Lo tenían todo tan bien planeado que, desde un inicio, el viaje transcurrió sin incidentes o, al menos, así fue hasta que llegó la segunda noche. Fue entonces cuando Napanin comenzó a mostrar un comportamiento fuera de lo normal. No tenía fiebre ni presentaba ninguna dolencia pero, de la nada, comenzó a afirmar que podía ver extraños seres correteando entre los árboles. Aseguraba que, bajo la luz de la luna, esos seres le susurraban al oído que debía matar a uno de sus hijos para después comer su carne.

«Debe morir» murmurarían éstas. «Ahora es el momento. Debe morir ahora».

Las voces no cesaron aquella noche y, por increíble que parezca, continuaron incluso tras la salida del sol.

Esta historia vio la luz en abril de aquel mismo año, cuando el periódico *Edmonton Bulletin* la presentó en un artículo llamado «A Wenhtigo Murdered». En él nos cuentan que la familia llegó a su destino en enero de 1896 y que, por fortuna, ninguno de sus miembros resultó herido. Pese a ello, se dice que Napanin tuvo que hacer un gran esfuerzo para no acabar sucumbiendo a las demoníacas peticiones de aquellas terribles voces.

Desgraciadamente, incluso lejos del bosque, el hombre continuó siendo acosado por el deseo de consumir carne humana. Multitud de testigos afirmaron en su momento que la salud de Napanin, poco a poco, se fue deteriorando. Sufría insomnio, sudores fríos, temblores y alucinaciones y su cuerpo rechazaba cualquier alimento. Todos estos síntomas podrían darnos a entender que el hombre había sido víctima de envenenamiento y que, lentamente, sus fuerzas irían menguando hasta que la ponzoña le consumiera por completo. A pesar de ello, Napanin no experimentó esa evolución.

Se dice que desarrolló una fuerza sobrehumana y que su cuerpo fue creciendo sin motivo aparente. Lamentablemente, en el artículo «A Wenhtigo Murdered», se cuenta que Napanin, debido a que era víctima de extraños ataques de ira, acabó siendo atado a un poste de forma indefinida para prevenir que agrediera a otras personas, pero su fuerza era tal que, en una ocasión, logró liberarse y atacar a los que se encontraban cerca de él en tan terrible momento.

La población no tuvo otro remedio que reducirle y acabar con su vida para impedir que él acabara con la de los demás. A continuación, le cortaron la cabeza y, para evitar que volviera a la vida bajo la forma de un wendigo, quemaron sus restos y los enterraron bajo una gran pila de leña ubicada en lo más profundo de los bosques.

Existen varias hipótesis que aseguran que aquellas personas que, como Napanin, son poseídas por espíritus de wendigos pueden liberarse de su condena gracias a un exorcismo. Por desgracia, las poblaciones que fueron víctimas del acoso de estas entidades no estaban dispuestas a esperar mucho tiempo antes de acabar con la vida de quienes se encontraran bajo su influjo y en sus mentes no existía esa posibilidad.

En el libro *El wendigo* (1910) el autor Algernon Blackwood describió a este ser con las características propias de las leyendas pero, con una notable diferencia, y es que él consideró que no se alimentaba de carne humana sino de musgo. Relató que su origen poco o nada tuvo que ver con las aterradoras historias que se cuentan sobre él y aseguraba que, antaño, fue un hombre que sintió el llamado de la naturaleza y se perdió en los bosques para fundirse con ellos. A medida que se adentraba en la espesura, los pies del wendigo de Blackwood se convirtieron en garras y todo su ser comenzó a cambiar hasta convertirse en el monstruo que todos conocemos.

El autor da una segunda versión sobre la transformación de aquel hombre. Narra que pudo haber sido un cazador que se perdió en el bosque y que, a punto de morir a causa de la inanición, perdió la cabeza y mató a un grupo de personas que acabó encontrando mientras trataba de dar con el camino de vuelta a casa. Fue entonces cuando entraron en juego las leyendas clásicas relacionadas con este ser. Y es que, como castigo por el terrible pecado que había cometido, una fuerza superior lo convirtió en un monstruo de largas piernas, grandes y huesudas manos, una fuerza y agilidad sobrenatural, y un insaciable apetito de carne humana.

Los últimos informes de avistamientos de wendigos se hicieron públicos a finales del siglo XIX y principios del siglo XX en el pueblo de

Roseau, Minnesota. Durante dicho período se produjeron una serie de muertes inexplicables pero, tal y como y dieron comienzo, se detuvieron. Nadie sabía con certeza qué o quién las originó, pero lo cierto es que, al no producirse más, la respuesta poco o nada importó a los diligentes.

El último registro oficial del que se tiene conocimiento se dio a principios del siglo XX, cuando el chamán Jack Fiddler, un hombre de 87 años procedente de la tribu cree, fue arrestado por cometer asesinato. Al parecer Jack , al igual que su padre, poseía la habilidad para conjurar animales y proteger a las personas de supuestos maleficios. Al parecer, la gente de su región, gracias a sus poderes, podían vencer a los wendigos.

Fiddler, quien vivía en el campamento de Sucker, en Deer Lake, afirmó haber llegado a acabar con la vida de 14 wendigos. Algunos habían sido enviados por los pueblos vecinos y otros se habían formado dentro de su propia tribu. Según los escritos, cuando el familiar de alguien estaba muy enfermo y a punto de morir, sus seres queridos le pedían a Fiddler que lo sacrificara antes de que el wendigo poseyera su cuerpo.

La fama de este hombre fue tal que su nombre llegó a ser escuchado entre los pueblos vecinos, y algunos llegaron a invitarle a que abrazara el cristianismo, pero Fiddler se negó a ello. Continuó con sus prácticas y rituales paganos para proteger a los suyos de las fuerzas malignas.

En 1907, varios miembros de la Policía Montada del Noroeste visitaron Island Lake y allí se enteraron de la historia de Jack Fiddler. El suegro de éste les habló acerca de su don para combatir aquellas siniestras criaturas. Como cabría esperar, los hombres quedaron fascinados por el relato, pero tenían una misión clara: imponer la ley canadiense en el norte. Por ello, fueron al campamento de Sucker y allí arrestaron a Jack Fiddler y a su hermano Joseph.

A partir de ahí dio comienzo un juicio de lo más surrealista.

«Ellos estaban a punto de sufrir la transformación», debieron de afirmar con total seguridad. «Iban a convertirse en wendigos y, de haberlo hecho, habrían puesto en peligro a toda la comunidad».

Los periódicos de Canadá imprimieron todo tipo de titulares sensacionalistas a cerca de aquellos asesinatos. Sostenían que los hermanos

Fiddler eran adoradores del Diablo, personas terribles y asesinos despiadados, cosa que hizo que el país entero exigiera sus cabezas.

Jack Fiddler, viendo que nadie tomaría en serio su historia, el día 30 de septiembre de aquel mismo año, logró escapar de la prisión y huyó tan lejos como le fue posible. Por desgracia, su intención no era la de ocultarse hasta que todo hubiera pasado sino la de quitarse la vida antes de que el hombre blanco se la arrebatara. Una vez sintió que estaba lo suficientemente lejos de la ciudad, pasó una cuerda alrededor de la rama de un árbol y se ahorcó.

En cuanto a su hermano, Joseph Fiddler sí fue llevado a juicio, pero un testigo aseguró que él no conocía la ley canadiense y que acabó con la vida de un hombre que sufría un dolor profundo e incurable. También apeló a que las tradiciones de los indígenas indicaban que, cuando una persona se hallaba en una situación que la hacía vulnerable al ataque del wendigo, debía ser sacrificada. Por ello, la labor de los hermanos Fiddler era necesaria.

Tanto el testigo principal como varios misioneros y comerciantes suplicaron al magistrado Aylesworth Perry que tuviera piedad, pero éste no quiso escuchar y su veredicto fue contundente: una condena a muerte.

Se realizaron múltiples apelaciones al caso de Joseph Fiddler y, finalmente, se consiguió una orden para liberarlo de su condena pero ésta, lamentablemente, llegó tres días después de que Joseph fuera ejecutado.

PARA SABER MÁS

BLACKWOOD, A.: *El wendigo y Otros Relatos extraños y macabros*. Valdemar Gótica, 2020.

www.historiasperdidaseneltiempo.com/2011/04/el-wendigo-la-llamada.html

http://narradoresdelmisterio.net/el-wendigo/https://www.diario4v.com/friki/2016/2/18/video-wendigo-versin-yanqui-chupacabras-9950.html

LA LLORONA

Existen gran cantidad de mitos y leyendas alrededor del mundo. Algunos, con el pasar del tiempo, se desdibujan tanto que ni siquiera somos capaces de recordarlos pero otros, como es el caso de la leyenda de La Llorona, marcan un antes y un después.

En mi familia siempre existió la tradición de contar historias de terror junto al fuego. Si pasaba el día de difuntos con mi abuela sabía que esa noche no podría pegar ojo.

—Los cuentos son una buena excusa para encender el fuego ¿no crees? –afirmaba ella con su eterna sonrisa–. Y los que producen pesadillas son aún mejores. Hacen que las llamas brillen con más fuerza.

La mujer caminaba con paso lento y pausado hasta sentarse junto al fuego y, apoyando sus codos sobre los reposabrazos de una silla, se mecía lentamente hacia delante y atrás hasta encontrar las palabras perfectas con las que iniciar su aterrador relato. Ella, con sus cuentos, te hacía sentir tremendamente incómodo. En todo momento sabías que lo que te estaba contando era fruto de su imaginación y, cuando te ibas a la cama, suspirabas y te sorprendías de la increíble capacidad que tenía de hilar historias sin confundir un solo dato.

Pero había alguien que contaba cuentos aún más aterradores que ella. Alguien que te obligaba a esconderte bajo las sábanas quisieras o no y ése era mi padre. Si me tocaba pasar la noche de difuntos con él sabía que no podría pegar ojo. La mesa de su comedor no estaba adornada con manteles de vivos estampados y tampoco gozaba de la imponente chimenea que tenía mi abuela pero, con sus palabras, te transportaba a ese lugar.

Recuerdo verle entrar en mi cuarto alumbrando todo con la luz de una vela y caminar hasta detenerse junto a mi cama. Entonces, dibujando una siniestra sonrisa en su rostro, daba comienzo a uno de los relatos más terribles y detallados que habría escuchado jamás.

Me resultaba increíble pensar que alguien que no creía en fantasmas fuera capaz de saber tanto sobre ellos. Era tan preciso en sus explicaciones que, cuando terminaba sus relatos y apagaba la vela de un soplido, yo creía ver espectros y monstruos en la oscuridad hasta la salida del sol. Probablemente nadie se esperaría lo que voy a decir a continuación pero, cada noche de difuntos, acababa llamando a mi padre hasta en cinco ocasiones para decirle que estaba convencida de que en mi cuarto había fantasmas.

Él tenía esa magia espectral. En cuanto arqueaba una ceja y dibujaba media sonrisa en su rostro sabía que ese algo siniestro se había activado en su interior. Incluso hoy recuerdo sus historias, a plena luz del día, y no puedo evitar estremecerme y mirar a todas partes, sobre todo cuando rememoro una de sus historias favoritas: La Llorona.

Cada año me contaba una versión distinta por lo que nunca fui capaz de recordar cuál fue la primera pero, fuera cual fuere, lo importante es que todas ellas eran igualmente aterradoras.

Cuando tuve la edad suficiente como para buscar información sobre el tema y no morir de miedo en el intento, decidí que quería saber de dónde procedía la auténtica historia de la Llorona y todas las páginas que consulté me llevaron hasta el otro lado del océano.

Según diversos autores, para conocer la verdad sobre la dama, debemos viajar en el tiempo hasta llegar a la Latinoamérica de la época prehispánica. Se dice que cada país tiene su propia versión de la historia y todos ellos la reclaman como suya pero, aun así, parece que las versiones más intensas parten del mismo punto y es del panteón mexica. Inicialmente se relacionó a La Llorona con gran cantidad de divinidades. La primera fue Tenpecutli, quien supuestamente cargaba con la culpa de haber ahogado a sus hijos en un río. De ella se decía que era tremendamente bella y que, si alguien la miraba a los ojos, cambiaba su forma a la de un animal. Otra diosa con la que se compara a La Llorona es Mictlancíhuatl, diosa del inframundo, quien era capaz de seducir a los hombres y desorientarlos.

Sin embargo, otra explicación dice que la imagen de La Llorona no procedía de una diosa en concreto sino de tres: Quilaztli, la divinidad de los partos, Cihuacóatl, la diosa madre o también llamada mujer serpiente, y Teovaomingui, deidad vigilante de los muertos. Estas tres damas se representaban de un modo muy característico y es que, al parecer, se mostraban como una dama vestida de blanco que lloraba por la pérdida de sus hijos cerca de ríos y lagos.

El listado de divinidades con las que se la relaciona es muy extenso pero, pese a ello, varios autores apuntaron el origen de este ser en una misma deidad, Cihuacóatl. Durante la segunda mitad del siglo XVI, fray Diego Durán, escribía un libro titulado *Historia de las Indias de Nueva España e Islas de Tierra, Firme* también conocido como *Códice Durán,* el cual se convirtió en una pieza única en el estudio de las tradiciones del pueblo mexica.

Durán contó todo lo que sabía a cerca la historia de Nueva España pero, en su relato, no sólo se limitó a narrar lo que había visto y estudiado viviendo con los mexicas, sino que además ilustró sus relatos con dibujos ricos en detalles y color. La narración que presentaba hacía un recorrido cronológico desde la salida de los mexicas de Chicomóztoc hasta que fueron derrotados por los españoles. El trabajo antropológico que este religioso llevó a cabo fue magnífico, especialmente porque detallaba con sumo cuidado toda la estructuración política, religiosa y social de esta sociedad. Hablaba de sus creencias, sus rituales y las leyendas que marcaron un antes y un después en su historia.

En concreto, relató una peculiar experiencia vivida por el emperador Moctezuma II. Se dice que este monarca, durante largo tiempo, tuvo el mismo sueño todas las noches. Las imágenes que se presentaban en su cabeza eran un completo caos y nadie sabe a ciencia cierta qué era lo que este hombre podía ver pero de lo que sí podemos estar seguros es de que las imágenes que se presentaron ante sus ojos no eran agradables.

Se dice que el emperador, entre terribles pesadillas, vio llegar al fin de su reinado. Algunos cuentan que vio las calles arder, que escuchó gritos de inocentes resonando en su mente y que incluso pudo ver los ríos teñirse con el rojo de la sangre. Al principio no daría importancia a estos malos pensamientos. Creería que quizás estaba sometido a muchas presiones pero, con el pasar de los días, los rumores llamaron a su puerta.

Muchos de los habitantes de la ciudad de Tenochtitlan aseguraban que, en cuanto se ponía el sol, terribles lamentos invadían las calles. Decían que una dama vestida de blanco y de largos cabellos negros emergía del lago Texcoco y desde allí daba comienzo a un terrible paseo. Caminaba por entre los lagos y los templos, y en su recorrido se lamentaba a pleno pulmón.

Nadie se atrevía a acercarse a ella pues su voz, eléctrica y punzante, daba a entender a todos que la dama no era de este mundo. Su caminar, lento y pausado y sus vaporosos ropajes mostraban que era un alma en pena que buscaba transmitir un mensaje a los mortales, pero ¿cuál era éste?

Moctezuma pidió a sus súbditos que prestaran atención a la dama y que, cuando lo hicieran, le dieran todos los detalles, pero lo único que logro saber es que esa mujer repetía una y otra vez la misma frase: «¡Ay, mis hijos! ¡A dónde los llevaré para que escapen de tan funesto destino?».

En estas palabras el monarca no halló consuelo. Quizás en su interior pudiera imaginar lo que la dama quería decir pues, irremediablemente, encontraría una relación con sus pesadillas. Por desgracia, no tenemos constancia de que el emperador tomara medidas al respecto. Lo único que sabemos es que, al ver que nadie osaba detener a la dama y preguntarle por el significado de sus palabras, envió a varios guerreros en su busca para intentar averiguarlo, pero todos sus esfuerzos resultaron en vano.

La mujer siguió apareciéndose noche sí y noche también por las calles de Tenochtitlan. Emergía del lago Texcoco y recorría de punta a punta todos los rincones. Sus desgarradores gritos hacían que los animales se volvieran completamente locos, que los bebés despertaran de sus cunas y comenzaran a llorar y que todos los habitantes se encerraran en sus casas temiendo por sus vidas. Nadia sabía con exactitud quién era, a dónde iba o de dónde venía, pero tenían muy claro que debían temer sus palabras.

En el año 1550 fray Bernardino de Sahagún, en su libro *Historia general de las cosas de Nueva España*, también conocido bajo el nombre de *Códice Florentino*, identificó a este ser como la diosa Cihuacóatl. Aseguró que algunas de las personas que escucharon sus lamentos estaban convencidas de que era ella, pero lo cierto es que nadie comprendió su mensaje. Desgraciadamente hoy en día sí creemos conocer el mensaje que dicha deidad pretendía transmitir y es que su intención no era la de asustar al pueblo, sino la de advertirle de que la caída del imperio se acercaba pues los españoles estaban en camino y pretendían destruir todo cuanto poseían.

Muchos pensaréis que, con la llegada de los españoles, la dama dejó de manifestarse, pero lo cierto es que siguió adelante con sus desgarradoras procesiones. Continuó emergiendo todas las noches de las oscuras aguas del lago y recorriendo las mismas distancias. Sería entonces cuando, según el historiador mexicano Efraín Franco Frías, darían comienzo todas las leyendas que han llegado hasta nuestros días.

El estudioso aseguró que, durante la época de la Colonia, la dama que se lamentaba se convirtió sin quererlo en un instrumento de la evangelización. Una historia que contar a las siguientes generaciones empujándolas a reflexionar acerca del deber moral de las personas. Por desgracia, como toda buena historia, ésta tiene varias versiones: la primera es histórica, toma una historia real y la concluye con un esbozo de leyenda y, la segunda es la versión legendaria que derivó de la anterior.

La versión histórica nos habla de una mujer que cambió por completo la historia de México. Todo comenzó el 14 marzo de 1519 cuando el conquistador Hernán Cortés dio comienzo a un enfrentamiento bélico entre los españoles y los indígenas maya-chontales. La batalla de Centla fue feroz y, aparentemente, al tener mejores armas y protecciones, los españoles ganaron el enfrentamiento. Aquél había sido un gran paso para los conquistadores en su camino por hacerse con el control de las Américas, pero lo que no sabían era que una de las costumbres de aquellas tierras era aceptar las derrotas con la cabeza bien alta.

Al día siguiente, 15 de marzo de 1519, embajadores maya-chontales, enviados por orden del cacique Taabscoob, se adentraron en el campamento español con ofrendas para los guerreros que habían participado en la batalla. La costumbre local era agasajar a los vencedores y ofrecerles sus respetos junto a lo mejor de sus tierras. Entre los regalos que dieron a los españoles se encontraban piedras preciosas, plumas resplandecientes, pieles, ropas y un total de veinte damas. Todos los regalos fueron muy bien recibidos por parte de los colonos pero, este último, les resultó verdaderamente extraño.

Los indígenas tenían la costumbre de realizar sus campañas acompañados por mujeres. Mientras ellos luchaban, las mujeres se quedaban en el campamento y se encargaban de mantener todo en orden, preparar la comida y asistir a los guerreros en caso de que resultaran heridos en combate. Sin embargo, los españoles no tenían esa costumbre. Ellos viajaban solos y, cuando llevaban a cabo sus conquistas, saqueaban las ciudades que pisaban y apresaban a las mujeres que allí vivían para convertirlas en sus esclavas.

Al ver a las veinte damas los españoles probablemente se quedaron sin habla. No comprendían por qué Taabscoob les había enviado aquellas mujeres y, en lo único que podían pensar, era en que quizás pretendía que los más notables guerreros al servicio de la corona debían tomarlas como esposas. Es aquí cuando nos encontramos con una importante tesitura, pues la moral cristiana de la época no permitía a los hombres yacer con mujeres que no practicaban la misma fe que ellos. Por ese motivo, los religiosos que acompañaban a los conquistadores decidieron que debían convertir al cristianismo a las veinte jóvenes.

Al convertirse todas ellas debían cambiar a la fuerza sus nombres y adoptar otros más adecuados para la cultura de la que ahora formarían parte. María, Ana, Lucía, nombres comunes para que el hecho de pronunciarlos no fuera un problema. Pero entre aquellas damas había una mujer que destacó por encima de las demás y ésta fue Malinalli, más conocida como Malinche. La muchacha, al ser convertida, adoptó el nombre de Marina y, desde entonces, se convirtió en un importante instrumento de la conquista, pero para comprender los hechos que se sucedieron a continuación debemos conocer en profundidad quién fue exactamente esta mujer.

Se dice que Malinalli era oriunda de Oluta (Veracruz) y que nació, entre los años 1496 y 1501, en el seno de una familia de la alta sociedad mexica. Su padre, según el historiador mexicano Federico Gómez de Orozco, fue un importante cacique de Oluta y Xaltipa, y su madre también fue una dama de alta cuna.

Nada más nacer, la joven recibió el nombre de Malinalli en honor a la diosa de la hierba y, a medida que fue creciendo, se dieron cuenta de que era muy habladora y, por ello, le otorgaron también el nombre de Tenepal, que en la lengua náhuatl significa «la que habla con vivacidad». Probablemente penséis que este último dato es irrelevante en esta historia pero, creedme, más adelante comprenderéis por qué he querido compartirlo con vosotros.

Cuentan que la joven recibió una buena educación y que hablaba con fluidez el maya-yucateca y el náhuatl. Además muchos historiadores señalan que era tan bella como lo fue su madre una vez. Lamentablemente y, aunque al llegar a este mundo muchos le augurasen una vida de ensueño, la tragedia no tardó en llamar a su puerta.

Tras el fallecimiento del padre, su madre volvió a contraer nupcias con otro hombre de buena posición social. Esto ayudaba a la familia a seguir manteniendo su estatus pero, al mismo tiempo, hacía peligrar la consideración de nuestra protagonista. Al poco tiempo de casarse, la madre de Malinalli tuvo un hijo varón, con lo cual su padrastro comenzó a verla con otros ojos. Al ser fruto de un matrimonio anterior, la posición del neonato peligraba, por ello al nuevo cabeza de familia se le ocurrió una brillante idea para erradicar el problema: convertir a la chica en esclava.

La joven fue arrastrada fuera de su hogar y entregada a un grupo de traficantes oriundos de Xicalango y, a partir de entonces, dio comienzo un largo viaje que la llevaría hasta los españoles. Tras vivir en carne propia la guerra entre los mexicas de Xicalango y los mayas de Potonchán, Malinalli fue entregada como tributo al cacique Taabscoob y, tras la batalla de Centla, sería ofrecida a los españoles como uno de sus veinte tributos.

Cuentan que el mismo día en que las veinte damas fueron entregadas a los españoles, el capellán Fray Bartolomé de Olmedo ofició una misa donde les daría la bienvenida como nuevas cristianas y cambiarían sus nombres. Después, Hernán Cortés la obligó a casarse con uno de los capitanes de la expedición, Alonso Hernández Portocarrero.

Durante un tiempo Malinalli estuvo aprendiendo la lengua castellana y luchando por acostumbrarse a su nueva vida. Probablemente pensó que pasaría a la historia sin pena ni gloria pero, en cierto momento, todo cambiaría para ella. El 12 de abril de aquel mismo año los colonos emprendieron rumbo hacia su siguiente destino, la ciudad de Tenochtitlán, capital del imperio azteca.

Su intención, obviamente, era la de seguir conquistando más y más terrenos pero no contaban con que allí les esperaba una emboscada por parte de los cholultecas. Cuentan que Malinalli fue quien avisó a las tropas españolas de lo que les esperaba e impidió así que los colonos vieran reducidas sus tropas, pero lo que no pudo evitar fue que los hombres, bajo el mando de Hernán Cortés, decidieran vengarse.

A partir de entonces ella escalaría posiciones hasta recuperar el lugar que le fue arrebatado tiempo atrás. Su función como traductora colocaba a Malinalli en un punto privilegiado. Ella, a medida que iba dominando el castellano, podía ofrecer más detalles sobre las costumbres de los distintos lugares a los que iban llegando las tropas españolas. Y cuanto más aprendía más ascendía socialmente.

En primera instancia Malinalli sirvió a los españoles como intérprete junto a Jerónimo de Aguilar pero, con el pasar del tiempo, se convirtió en consejera e incluso en secretaria personal de Hernán Cortés. De no ser por su intervención, negociar con los aztecas habría sido una tarea imposible para los conquistadores.

Poco después de contraer nupcias con Alonso Hernández Portocarrero, éste se vio obligado a regresar a España como emisario de Hernán Cortés ante el rey Carlos V. A este viaje, como cabría de esperar, el capitán pretendía llevar consigo a su esposa, pero Cortés se negó en rotundo. Ella era un instrumento indispensable para seguir adelante con las expediciones, así que pidió que la mujer se quedara junto a él y ésta se vio obligada a despedirse de su esposo.

El tiempo pasó y Malinalli cada vez parecía más cercana a Cortés. Ya no sólo se limitaba a traducir sino también a iluminar su mente hablándole a cerca de las costumbres de las tierras que pisaba, y la confianza que fueron adquiriendo el uno en el otro acabó convirtiéndolos en amantes. Fruto de esta unión la pareja trajo a este mundo en 1522 al pequeño

Martín Cortés. Por desgracia, el pequeño fue fruto de una relación extramatrimonial, cosa que en aquellos tiempos estaba muy mal vista.

Martín nació meses después de la muerte de la esposa de Cortés y, al ser un vástago ilegítimo, la sociedad no lo vería con buenos ojos. Tras el nacimiento del pequeño, Hernán Cortés le construyó una casa a Malinalli en Coyoacán. El tiempo pasó y todo parecía ir bien hasta que Juan de Altamirano, primo de Cortés, se presentó en la casa y se llevó a la fuerza al pequeño.

Éste sería enviado a España, donde sería empujado a tomar el hábito de la Orden de Santiago. A partir de aquí es cuando Malinalli se convierte en un símbolo de la maternidad, pero no de una maternidad positiva sino de una triste, angustiosa y humillada, pues se vio obligada a entregar a su hijo a sabiendas de que jamás volvería a verlo. Los religiosos españoles utilizaron su gesto para contar historias a las «buenas cristianas» e indicarles que el papel de una mujer decente era priorizar su hogar y sus hijos antes que las bajas pasiones.

Nadie comprendió entonces el dolor que aquella mujer debió sentir. Algunos, en su época, relacionaban su nombre con una traición. La consideraban una traidora de su tierra por favorecer a los extranjeros en sus campañas de conquista, pero otros la veían como una figura destacada. Incluso hoy en día las opiniones sobre ella están divididas entre quienes la consideran la fundadora de la nación mexicana y quienes la ven como una traidora pero, nuevamente, nadie puede imaginar el tormento por el cual tuvo que pasar.

Tras el nacimiento del pequeño Martín Cortés, Malinalli se vio obligada a contraer nupcias una vez más esta vez con Juan Jaramillo, procurador de la ciudad de México. Con este hombre tuvo a su segundo hijo, la pequeña María Jaramillo, y siguió adelante como bien pudo.

Lo último que sabemos de ella es que continuó con sus labores como intérprete junto a Hernán Cortés hasta su muerte, la cual, dependiendo de la fuente consultada aconteció en un momento determinado u otro. Según la versión oficial, Malinalli murió a causa de la viruela entre los años 1528 y 1529 y, según el libro *Conquest* del historiador sir Hugh Thomas, esto no es del todo cierto. Dicho autor aseguró que existían unas cartas en las que se indicaba que la dama acabó sus días en España y que su corazón dejó de latir en torno al año 1551.

Pese a que existen registros que acreditan que Malinalli falleció o bien por causas naturales o debido a algún tipo de infección, al tratarse de una mujer con un pasado tan importante, rápidamente, su desenlace se acabó convirtiendo en una leyenda. Algunos comenzaron a decir que Malinalli jamás pudo soportar la pérdida de su primogénito y que acabó quitándose la vida y convirtiéndose en un espectro que todas las noches llora desesperadamente cerca de la iglesia de la Inmaculada Concepción, popularmente conocida como «La Conchita», ubicada justo en frente de una casona que antaño perteneció a Cortés.

Sería a partir de esta leyenda que la Iglesia católica decidiría crear un cuento capaz de mantener a raya los posibles pensamientos impuros de sus fieles, especialmente los de las mujeres. No se sabe a ciencia cierta en qué momento surgió esta historia ni quién fue el primero en pronunciarla, pero lo que sí sabemos es que parecía ser el resultado de mezclar la historia real de Malinalli con los avistamientos de Cihuacóatl y los cuentos de fantasmas que siempre aterraron a los ciudadanos.

Cuentan que La Llorona fue una bella mujer que, en tiempos de la conquista, se enamoró perdidamente de un diplomático español. Al principio su amor fue correspondido o, por lo menos, eso creyó ella. Vivieron juntos unos de los amores más apasionados jamás escritos y fruto de esta unión llegaron a tener tres hijos.

Su relación fue muy duradera pues cuentan que vivieron bajo el mismo techo durante diez largos años pero, aun así, nadie veía con buenos ojos esta unión pues el diplomático y la mujer no estaban casados. El hombre, siempre que ella se lo pedía, evadía el tema con todo tipo de excusas. Eludía la cuestión alegando falta de tiempo o de dinero y después salía por la puerta y se iba a dar un paseo.

Tras años de relación al hombre se le presentaron dos opciones: la primera era continuar junto a su familia y con su vida de siempre y la segunda, casarse con una dama española y obtener un mayor reconocimiento social. Lamentablemente lo que eligió le partiría el alma a la mujer con la que había compartido tantos sueños y esperanzas.

Cuando la madre de sus hijos escuchó de sus labios la fría despedida perdió el norte. Agarró a los tres hijos que tenían en común, los llevó a un río y los ahogó. Durante el proceso no sintió nada en absoluto pero, cuando el corazón del tercer pequeño dejó de latir, la razón volvió a ella.

Ya era demasiado tarde para enmendar su error así que lo único que pudo hacer fue llorar y gritar a pleno pulmón, pero nadie la escuchó. El dolor de haber matado a sus tres hijos le partió el alma en mil pedazos y, como castigo por su falta, decidió quitarse la vida allí mismo. Se dejó caer en la parte más profunda del río y, como no sabía nadar, se acabó ahogando.

Días más tarde un pescador de la zona encontró los cuatro cuerpos flotando en el agua y les dio cristiana sepultura junto a la orilla pero, por desgracia, la mujer fue incapaz de descansar en paz y desde entonces cada noche se levanta de su tumba y vaga por entre los ríos, lagos y caminos liberando sus atroces lamentos. Confunde a los viajeros, asusta a los animales y perturba los sueños de todo aquel que se cruza con ella.

Lo más siniestro de esta historia es que muchos aseguran que no se trata de una leyenda cualquiera. Y es que, hoy en día, miles de personas aseguran que cuando sopla el viento todavía pueden escuchar sus lamentos. Dicen que sus gritos no son fruto de historias para asustar a los más pequeños, sino una realidad que quita el hipo.

Muchos aseguran que la han visto vagando por las calles en noches de tormenta y que, con sólo contemplar su figura, han tenido pesadillas durante semanas.

PARA SABER MÁS

www.elmundo.es/f5/mira/2019/04/19/5cb83e1121efa080778b45d7.html

www.lavanguardia.com/historiayvida/edad-moderna/20170307/
47310294310/la-malinche-la-interprete-de-hernan-cortes.html

www.larazon.es/cultura/20191126/nx6dsyqbujeg5pyfadgbnuvj2i.html

www.elespanol.com/cultura/historia/20190227/malinche-esclava-her-
nan-cortes-indigena-traiciono-pueblo/379213252_0.html

https://matadornetwork.com/es/historia-de-la-iglesia-la-conchita-de-coyoa-
can/https://www.debate.com.mx/estados/La-llorona-asesino-a-sus-hijos-
y-sufre-para-toda-la-eternidad-20191102-0075.html

LAS HADAS DE COTTINGLEY

¿A quién, en su niñez, no le han contado historias sobre hadas y duendes? ¿Quién no ha soñado alguna vez con perderse en el bosque para acabar encontrando un reino mágico? La tradición popular dice que es posible contactar con las hadas mirando a través de una piedra naturalmente agujereada o portando con nosotros un trébol de cuatro hojas pero, desgraciadamente, son más las historias de personas que han sido castigadas por verlas sin su permiso que las de aquellas que han sido bendecidas con la amistad de los seres feéricos.

Algunos relatos hablan de personas que fueron cegadas por osar espiarlas; otros, de infortunados que perdieron todo su cabello y, finalmente, unos pocos narran muertes causadas por las hadas. Pero, en la historia que vais a leer a continuación, no se habla de castigos a los que las hadas sometieron a sus espías sino más bien de una extraña amistad que impactó al mundo entero y empujó a muchos adultos a volver a creer en los cuentos clásicos.

La historia dio comienzo en el año 1917 cuando dos primas se encontraron después de mucho tiempo sin verse. Eran Elsie Wright, de 16 años, y Frances Griffith, de 10. Las niñas vivían muy lejos la una de la otra, de hecho, Elsie vivía en la villa de Cottingley, Inglaterra, y Frances en Sudáfrica. La única forma que tenían de verse era durante las vacaciones y sólo si alguna de las familias decidía viajar hasta la otra punta del mundo, cosa que, como cabría de esperar, no ocurría muy a menudo.

Por suerte para ellas, en junio del año 1917, las estrellas parecieron alinearse a su favor y los padres de Frances decidieron viajar desde Sudáfrica hasta Inglaterra para ver a la familia.

Frances no se adaptó muy bien al cambio de aires. Estaba acostumbrada al ambiente de Sudáfrica y la vida en Inglaterra le resultaba realmente extraña. Sin embargo, Elsie hizo todo lo posible por hacer su estancia allí lo más cómoda posible. La llevaba a dar paseos por el bosque, a visitar el arroyo que corría por detrás de su casa… Hizo todo lo habido y por haber para que la niña se olvidara de que estaba a kilómetros de distancia de su hogar. Fue entonces cuando sucedió la magia.

—¿A dónde vais? –preguntaría la madre de Elsie al ver que las niñas se marchaban en dirección al bosque sin ni tan siquiera despedirse.

—A jugar con las hadas –debió de responder una de ellas.

—¿Con las hadas? –diría extrañada–. ¿Qué hadas?

—Las que viven en el bosque. Nos gusta mucho jugar con ellas.

La mujer, al escuchar esto, asumió que las niñas estaban jugando y que las hadas de las que hablaban no eran más que fruto de sus mentes, pero Elsie debió de insistir. Probablemente, le dijo a su madre que lo que estaban diciendo era del todo cierto y que las hadas eran tan reales como la vida misma.

Su madre seguía sin creerla así que entró en casa, rebuscó entre las cosas de su padre, cogió una cámara y se marchó en dirección al bosque junto a la pequeña Frances.

—Te demostraremos que no estamos mintiendo –sentenciaría ésta–. Volveremos con fotografías que demuestren que decimos la verdad.

Las niñas fueron directamente en dirección al arroyo que corría por la parte trasera de la casa y tomaron una única fotografía. Treinta minutos más tarde, regresaron junto a sus padres llenas de satisfacción. Aseguraron estar convencidas de haber capturado una imagen clara de sus mágicas amigas y pidieron al padre de Elsie, Arthur Wright que, en cuanto le fuera posible, revelara el carrete.

El hombre lo reveló sin muchas expectativas. Estaba convencido de que al hacerlo se encontraría cualquier tontería: las niñas con juguetes que simulaban ser hadas, ellas mismas fingiendo ser seres de otro mundo… Pero, para su sorpresa, en la imagen había lo que él describió como «manchas blancas».

En aquellos tiempos, la calidad de imagen que brindaban las cámaras de fotos no era la que hoy en día podemos obtener. La imagen era oscura, borrosa y los pequeños detalles se hacían casi imperceptibles. Pese a ello, cuando más fijamente miraba la fotografía, más consistencia parecía hallar en aquellas diminutas manchas.

La fotografía era un retrato de Frances. La muchacha miraba a la cámara apoyando los codos sobre la vegetación y recostando ligeramente la cabeza sobre las palmas de las manos. Podría haber pasado como una estampa común y corriente de no ser porque, frente a ella, se hallaban lo que parecían ser hadas danzando al son de una mágica melodía.

Al ver aquello, las madres de las niñas quedaron impresionadas. La sombra de la duda acechaba en sus mentes, pero ¿por qué iban a mentir sus hijas sobre algo así? A pesar de ello, Arthur Wright no se creía la historia. Elsie siempre fue una niña muy fantasiosa. Además, poseía un don innato para las artes y, por ello, a los 13 años, ingresó en la Escuela de Artes de Bradford. Pintaba retratos y paisajes con acuarela y se dice que era tan grácil con el pincel que sus obras parecían haber sido hechas por los mismísimos ángeles. Por ello era más que posible que hubiera pintado aquellas hadas, las hubiera recortado y colocado ante su prima para dar la sensación de que ante ella se encontraban auténticos seres mitológicos.

Además, durante la Primera Guerra Mundial –período en el que se desarrolló principalmente esta historia–, Elsie trabajó en un laboratorio fotográfico. Allí su trabajo consistía en realizar fotomontajes uniendo en una misma imagen los rostros de los soldados caídos con los de sus seres queridos, por lo que sabía cómo proceder para crear imágenes modificadas. Aun así, Arthur no pudo evitar que los siguientes interrogantes pasaran por su mente: ¿Cómo era posible que su hija hubiera creado un fotomontaje si él había sido la persona que reveló las fotografías? ¿Cómo era posible trucar una imagen sin alterarla en un laboratorio?

Los padres de las niñas, para resolver el enigma, registraron toda la casa. Buscaron plantillas, esbozos, dibujos, retales de cartones… Todo lo necesario para saber si habían podido falsear la imagen pero, para su sorpresa, fueron incapaces de encontrar pruebas que demostraran que las hadas eran falsas.

En septiembre de aquel mismo año, las niñas tomaron un segundo retrato. En esta ocasión era una imagen de Elsie. La joven estaba sentada en la hierba y ligeramente inclinada hacia delante y, justo enfrente de ella, casi subida en su regazo, había una extraña y diminuta criatura.

Sir Arthur Conan Doyle, el célebre creador de Sherlock Holmes, escribió en 1922 *El misterio de las hadas*, un libro que contribuyó a hacer aún más conocido el caso de Frances, Elsie y las hadas. En esta obra, Doyle describe algunos de los momentos tan inusuales capturados por las chicas: «Elsie jugaba con el gnomo y lo invitaba a que subiese sobre sus rodillas. El gnomo saltaba en el preciso momento en que Frances, que tenía la cámara fotográfica, apretó el disparador. Se describe al gnomo con leotardos, jersey marrón tirando a rojo y gorro rojo puntiagudo. Las alas, suaves y cubiertas de plumón, de color neutro, se parecen más a las de los coleópteros que a las de las hadas. Cuando no hay ruido, se oye de tanto en tanto la música de la flauta de Pan que sostiene en su mano izquierda, poco más que un tintineo».

Nada más ver aquella imagen, el señor Wright se hartó de la historia. Para él no eran más que juegos infantiles, pero su esposa pensaba que había algo más. Así que, para zanjar el tema de un modo coherente y civilizado, decidió prohibirle a su hija que usase su cámara de fotos.

El 9 de noviembre de 1918, una semana antes de que la Primera Guerra Mundial llegara a su fin, la pequeña Frances decidió enviarle una carta a su amiga Johanna Parvin, a quien cariñosamente llamaban «Joe». La muchacha vivía en Ciudad del Cabo, Sudáfrica, así que le resultaba imposible no echarla de menos. Por ello, se sentó en un rincón, cogió una pluma y comenzó a escribir.

«Querida Joe, espero que estés bien. Escribí una carta anteriormente, pero la perdí o se me extravió. ¿Juegas con Elsie y Nora Biddles? Ahora estoy aprendiendo francés, geometría, cocina y álgebra en la escuela. Papá volvió de Francia la semana pasada después de estar allí diez meses, y todos pensamos que la guerra se acabará en unos pocos días. Vamos a colgar nuestras banderas en nuestra habitación. Te envío dos fotos, ambas mías, una en la que estoy en bañador en el arroyo de nuestro patio trasero, que tomó el tío Arthur, mientras que la otra soy yo con varias hadas en el arroyo, que tomó Elsie. Rosebud está tan gorda como siempre y le he hecho alguna ropa nueva. ¿Cómo están Teddy y Dolly? Elsie y yo somos muy amigas de las hadas del arroyo».

En la cara opuesta de la imagen, Frances apuntó: «Es curioso que nunca las vi en África. Debe de hacer demasiado calor allí para ellas».

Desgraciadamente, el descubrimiento de las hadas no había hecho más que empezar. Y es que no sólo las niñas querían compartir la historia con los demás, sino también los adultos. Querían contarles a sus amigos y allegados a qué se dedicaban las niñas cuando se perdían por el bosque. De esta forma, la historia fue extendiéndose hasta que llegó a oídos de grandes eminencias de la Sociedad Teosófica.

Polly Wright, madre de Elsie, era una gran aficionada al ocultismo. Se dice que la mujer había tenido varias experiencias paranormales, realizado viajes astrales y que incluso pudo haber llegado a conocer algunas de sus vidas pasadas. Por ello no es extraño que, en 1919, decidiera acudir a una conferencia de la Sociedad Teosófica, una organización fundada en 1875 por Helena Blavatsky, Charles Leadbeater, Henry Olcott y William Judge, con la intención de buscar la sabiduría divina, oculta y espiritual.

La mujer asistió a tantas conferencias como le fue posible pero hubo una que captó su atención por encima de las demás; fue la titulada «Vida de las hadas». En aquella conferencia se decía que los seres feéricos eran reales, que vivían en bosques, cerca de los ríos. Posiblemente, cuando en mitad del discurso el conferenciante mencionó esto, la mujer comenzó a hablar.

Comentó a las personas que estaban sentadas junto a ella que su hija y su sobrina habían estado jugando con hadas y, no sólo eso, sino que además habían logrado captarlas en fotografías.

Rápidamente el rumor comenzó a extenderse entre todas las personas que asistieron, no sólo a aquella conferencia sino también a otras, hasta finalmente llegar a oídos de Edward Gardner, un escritor y profesor de la Sección de Inglés de la Sociedad Teosófica, en 1920.

Aquel mismo año, el *Strand Magazine*, le pidió a sir Arthur Conan Doyle que escribiera un artículo sobre las hadas. Iba a ser un especial navideño y, para ello, le dieron un gran margen de tiempo. Sin embargo, cuando, en junio de ese mismo año, el autor descubrió el caso de las hadas de Cottingley lo tuvo claro: debía escribir sobre ello. Así que, casi de inmediato, se puso en contacto con Edward Gardner y ambos comenzaron a trabajar en aquella historia.

Gardner le hizo llegar a Doyle las fotografías y ambos, sin dudar de su autenticidad, difundieron el hallazgo por todas partes. Como cabría esperar, éstas causaron un gran revuelo. Miles de personas hablaron sobre el tema durante meses.

«Es innegable. Son reales», decían unos. «Son falsas. Está muy claro», sentenciaban otros.

El primero en analizar técnicamente las fotografías fue Harold Snelling, un experto en fotografía. Tras someterlas a un análisis exhaustivo e incluso tratar de darles una mejor calidad, concluyó que eran verdaderas. Dijo que las imágenes no habían sido sometidas a trabajos de estudio que involucraran modelos de tarjetas o papel. Tampoco habían sido alteradas pintando sobre ellas o realizando ningún tipo de modificación posterior.

Sir Arthur Conan Doyle quedó encantado con aquella respuesta pero, aun así, decidió pedir una segunda opinión. Así que cogió las fotografías y se las envió a los técnicos de la compañía fotográfica Kodak. La compañía no quiso involucrarse en una historia como aquélla por lo que no ofreció una conclusión clara y contundente. No obstante, sus representantes fueron capaces de asegurar que las fotografías no mostraban señales obvias de falsificación.

Otra de las personas que recibió las fotografías fue sir Oliver Lodge, un investigador psíquico quien, desde el primer momento, las consideró falsas. Sir Oliver, también, mostró las imágenes a dos expertos más: una eminencia en seres feéricos y un clarividente y, ambos, sostuvieron que las imágenes no eran reales. Según el experto en hadas, la clave para descubrir que las fotografías eran falsas radicaba en el aspecto físico de éstas. Aseguró que sus peinados eran demasiado parisinos y que no se ajustaban a los tocados que estos seres acostumbraban a llevar. Además, existía un dato sobre las criaturas feéricas que muchos habían pasado por alto y es que, según la tradición, no permiten que los hombres las vean tan fácilmente.

Si bien es cierto que existen personas con gran facilidad para ver y entrar en contacto con seres de otro mundo, no tenía mucho sentido que dos niñas fueran capaces de interactuar con las hadas como lo habían hecho Elsie y Frances. Existían testimonios de avistamientos de estos seres, pero nunca antes nadie había logrado hacer algo así.

Las opiniones eran muy diversas. Por ello, tanto Edward Gardner como sir Arthur Conan Doyle decidieron que lo mejor era que las niñas tomaran nuevas fotografías. «Si son capaces de fotografiarlas de nuevo», debieron de pensar, «quedará demostrado que las hadas de Cottingley son reales y el caso confirmará la existencia de lo sobrenatural».

Gardner, en representación de ambos, viajó a Cottingley en julio de 1920. Una vez allí se entrevistó con la familia Wright y afirmó que todos sus miembros parecían personas «honestas y respetables». Se quedó junto a ellos varios días y en agosto entregó a Elsie y Frances un par de cámaras y un total de 20 placas fotográficas para que tomaran nuevas imágenes.

Mientras tanto, Doyle terminó de escribir su artículo para *Strand Magazine* titulado «Hadas fotografiadas: un suceso memorable». Este artículo no sólo recogía toda la información sobre el caso Cottingley, sino que además presentaba las dos fotografías que tomaron las niñas con una mejor calidad. Este escrito fue publicado a finales de noviembre de aquel mismo año y, tras ello, el autor viajó hasta Australia para realizar una gira de conferencias sobre espiritismo.

El mundo entero se volvió loco con aquella historia.

En ella, Doyle contó cada detalle sobre el hallazgo de las hadas. Habló de las niñas, sustituyendo sus nombres reales por los de Alice e Iris, habló sobre sus vidas, sobre el arroyo donde habían captado las imágenes, etc. El relato captó la atención de escépticos y creyentes a partes iguales, y recibió un aluvión de reacciones que hicieron que la revista agotara todas sus existencias.

Sin embargo, cuanto más conocida se hacía esta historia, más sed de información tenían los espectadores. Así que, sin ningún tipo de autorización, la revista *Westminster Gazette* decidió complacer al público eliminando los alias que Doyle utilizó para referirse a las niñas y publicando sus nombres reales: Elsie y Frances. Después de aquello, un periodista viajó hacia al norte y entrevistó personalmente a las niñas pero, cabe decir, que no aportaron nuevos datos a este caso.

Mientras todo esto ocurría, la familia de las niñas hizo llegar a Edward Gardner tres nuevas fotografías. En las dos primeras, las niñas salían junto a hadas que revoloteaban cerca de ellas y, en la tercera, se podía ver un grupo de hadas translúcidas bailando sobre la vegetación.

Cada foto resultaba ser más impresionante que la anterior y sir Arthur Conan Doyle parecía encantado con ellas.

Sin embargo, de todas las personas involucradas en esta historia había una que no se creyó una sola palabra de principio a fin: el padre de Elsie, Arthur Wright. El hombre, que admiraba profundamente la obra de sir Arthur Conan Doyle, no se explicaba cómo un escritor tan inteligente podía creerse el cuento de su hija. Elsie siempre fue la última de su clase y podía inventar las historias más extravagantes gracias a su poderosa imaginación, por lo que el señor Wright era incapaz de creer que las fotografías fueran reales.

Para el creador de Sherlock Holmes, aquél era un «regalo divino», un presente que haría que todos sin excepción se acabaran convenciendo de la existencia del mundo sobrenatural. Por ello, hizo todo lo posible por dar difusión a esta historia y en 1921 decidió escribir un segundo artículo para *Strand Magazine* al que adjuntó las últimas tres imágenes que las niñas tomaron de aquellas peculiares criaturas.

No contento con eso, en 1922, Doyle publicó un libro titulado *El misterio de las hadas*, donde recogía no sólo los testimonios de ambas niñas, sino también datos que él consideraba relevantes en el estudio de los seres feéricos.

La historia no dejó de sorprender al público. Causaba un gran revuelo y una gran cantidad de opiniones tanto positivas como negativas, pero todas ellas parecían tener siempre un punto en común: que los seres que aparecían en las fotografías eran extrañamente parecidos a los que eran representados en cuentos para niños y, no sólo eso sino que, al mismo tiempo, portaban peinados muy modernos.

¿Acaso las hadas seguían la moda de París? ¿Acaso vivían en sociedades idénticas a las de los seres humanos? Las mejoras a las que sometieron las imágenes sólo hacían que los espectadores dudaran más de la veracidad de las mismas. Escépticos y creyentes, a partes iguales, no podían evitar que la sombra de la duda acechara en sus mentes. Las cuatro primeras imágenes parecían ser muy definidas, quizás demasiado, pero la quinta rompía todos sus esquemas. La imagen era completamente distinta a todo lo que habían visto anteriormente. Eran hadas translúcidas, seres que claramente no parecían pertenecer al plano físico y que, por supuesto, no parecían tener la intención de interactuar directamente con quienes las veían.

El gran Harry Houdini, a quien unía una estrecha amistad con sir Arthur Conan Doyle, fue de los primeros en afirmar que aquellas fotografías eran falsas. El célebre ilusionista era conocido con el sobrenombre de «El azote de los médiums» y, como escéptico que se precie, luchaba por desenmascarar farsas como la que podían estar sosteniendo las niñas. Sin embargo, Doyle no quiso escuchar. Para él, aquellas hadas eran la evidencia de que el mundo sobrenatural existía y, por supuesto, hizo todo lo posible por demostrar que Houdini se equivocaba.

En agosto de 1921, se realizó una nueva investigación en torno a las hadas de Cottingley. En aquella ocasión, el clarividente Geoffrey Hodson viajó hasta la residencia de los Wright para verificar con sus propios ojos si la historia era cierta, pero cabe decir que las niñas no tuvieron muchas ganas de colaborar.

Estaban cansadas de ser el centro de atención y aquella historia les resultaba terriblemente aburrida. Todo el mundo preguntaba por sus hadas, decenas de personas habían comenzado a invadir el bosque en busca de aquellos seres e incluso los autobuses que pasaban por Cottingley señalaban a los pasajeros que aquélla era la «tierra de las hadas». Las niñas habían perdido el control sobre su historia y sentían que ya no les pertenecía, aun así, los adultos seguían insistiendo y exigiendo más y más detalles. Por ello, comenzaron a seguirles la corriente. De hecho, en cierto momento, Geoffrey Hodson tomó una fotografía en la que salían las niñas y ambas le dijeron que allí junto a ellas podían verse las hadas cuando, en realidad, no podía verse nada especial.

Los años pasaron y las niñas disfrutaron de su anonimato tanto como les fue posible pero, pese a que el tiempo hizo que muchos olvidaran sus nombres, nadie pudo olvidar su historia. En 1971, la BBC decidió viajar hasta Cottingley para entrevistar a Elsie Wright y Frances Griffith a lo largo de diez días.

Durante aquel período, las mujeres se mostraron muy correctas y educadas. Rememoraron toda su historia y no quisieron dar más detalles al respecto pero, en cierto momento, se les preguntó a cerca de la veracidad del relato y entonces no supieron qué responder. Edward Gardner había fallecido un año atrás y, a propósito de ello, dijeron que «no habían querido disgustarle». El entrevistador las puso entre la espada y la pared en varias ocasiones, y ellas ni admitieron ni desmintieron nada. Fue una entrevista extraña y prácticamente incomprensible. ¿Sus fotos eran reales o un montaje creado por dos niñas que, en mitad de la guerra, necesitaron abrazar los cuentos de hadas? ¿Por qué dijeron que no querían disgustar a Gardner?

En septiembre de 1976, Austin Mitchell, de la televisión de Yorkshire, viajó a Cottingley para entrevistarlas de nuevo. Y en aquella ocasión las damas volvieron a ser contundentes. Aseguraron que ellas no habían falseado las fotografías y que las hadas eran reales. Sin embargo, el entrevistador decidió probar una teoría que a muchos les rondaba la mente: colocó una hilera de recortables de papel delante de él y las fue moviendo un poco para recrear las fotografías que antaño tomaron Elsie y Frances y, para su sorpresa, el resultado fue bastante similar.

Realmente las fotografías de las hadas mostraban figuras planas frente a las niñas y, pese a que muchos expertos en fotografía de la época hubieran negado que aquello había sido un montaje, ante sus ojos estaba la principal evidencia de que este caso era una farsa.

Aun así, todavía quedaban puntos que esclarecer en todo el asunto. En el momento en el que las niñas tomaron las imágenes, tenían que esperar mucho tiempo para que la cámara lanzara el disparo. Si el viento hacía acto de presencia, los recortables se doblarían e incluso podrían ser arrastrados fuera de plano pero, en el caso de las primas Wright y Griffith, no ocurrió. Sin una confesión por su parte sería muy complicado saber de qué modo lo hicieron así que, mientras se decidían a confesar lo que muchos esperaban, los expertos continuaron con sus indagaciones.

De hecho, aquel mismo año, varios estudiosos encontraron dibujos muy parecidos a los seres feéricos de las fotografías de Cottingley en un libro titulado *Princess Mary's Gift Book*, editado en 1917. Eran figuras danzantes que presentaban posturas muy similares a las de las hadas de Cottingley y que parecían flotar con el viento. La semejanza era tal que muchos llegaron a insinuar que las hadas de las niñas eran calcos de aquellas que ilustraban el libro. Ciertamente, no había forma de saber si Elsie o Frances, en su infancia, fueron dueñas de un ejemplar de *Princess Mary's Gift Book,* pero la respuesta parecía afirmativa.

Tuvieron que pasar cinco años más para que las mujeres finalmente confesaran lo que miles de personas podían imaginar, que el cuento de hadas no había sido más que un juego de niños. Joe Cooper las entrevistó para la revista *The Unexplained* y ambas declararon que las hadas habían sido recortables sostenidos con alfileres. Sin embargo, y pese a que Elsie Wright no tuvo muchos problemas en admitirlo y cerrar este capítulo de su vida, Frances Griffith –la menor de las dos– se negó a hacerlo. Ella aseguró haber visto a las hadas y que, mientras las cuatro primeras fotografías sí habían sido trucadas, la quinta no lo fue.

Juró y perjuró que la quinta imagen demostraba que las hadas eran reales pero, para entonces, el mundo entero ya había dejado de escuchar. Cuatro de sus fotografías eran falsas, ¿quién podía demostrar que la quinta no era una versión mejorada de los montajes anteriores?

En 1981, Elsie Wright concedió una nueva entrevista y volvió a admitir que todo había sido mentira. Dijo, además, que aquél fue un simple juego de niñas que los adultos alimentaron sin quererlo y que habrían confesado antes de no ser porque les avergonzaba haber engañado al creador de Sherlock Holmes. Pero, eso sí, en todo momento dejó claro que sólo ella y Frances supieron la verdad desde el minuto uno y que sus padres también habían sido víctimas de su engaño.

PARA SABER MÁS

BARRIE, J. M.: *Princess Mary's Gift Book.* 1914.

www.ideal.es/jaen/20080823/sociedad/hadas-arthur-conan-doyle-20080823.html

https://issuu.com/monicagonzalezalvarez/docs/diario_de_misterio_1_noviembre2010

www.elcorreo.com/culturas/arthur-conan-doyle-20171020184211-nt.html

https://mentescuriosas.es/el-caso-de-las-hadas-de-cottingley/

III

CAZA DE BRUJAS

LAS BRUJAS DE TRASMOZ

Esta historia da comienzo en los albores del siglo XII, en un pequeño pueblo ubicado en la comarca de Tarazona y el Moncayo, en Aragón, cuando los rumores y las habladurías dieron paso a una leyenda que ha transcendido hasta el tiempo presente.

Cuentan que, cuando un rey musulmán se cruzó con un anciano mendigo, la oscuridad se hizo presente en el lugar. El rey viajaba junto a su séquito por un camino de montaña cuando, de la nada, apareció un mendigo harapiento que pedía hablar con él. Ambos hombres entablaron conversación y dieron comienzo a uno de los eventos más misteriosos de la historia.

—Os propongo un trato, mi señor –se cuenta que comenzó el mendigo.

—Hablad. Os escucho –debió de responder el rey, intrigado.

—Os propongo construiros un castillo en una sola noche. Aquí, en este mismo lugar –diría el anciano alargando los brazos y mirando a su alrededor–. Un castillo digno de la realeza.

El monarca debió de reírse a carcajadas y su séquito, al ver su reacción, le seguiría. Probablemente pensaría que el anciano tendría algún tipo de enfermedad mental así que, sencillamente, le siguió el juego.

—¿En una noche decís? –inquiriría con cierta sordina.

—En una sola noche, mi señor –respondería él.

—¿Y qué pedís a cambio?

—Ser nombrado alcaide.

Una vez más, el soberano volvería a reír. Era una locura, algo que escapaba al alcance de un hombre común y corriente. La construcción de los castillos no era una tarea sencilla y mucho menos para un hombre cualquiera. Era necesaria la intervención de cientos de hombres, de gran cantidad de materiales, de conocimientos arquitectónicos y de, por supuesto, el paso de varios años.

—Acepto –sentenciaría el rey levantando ligeramente una ceja–. Tenéis esta noche para elevar un castillo digno de mí sobre la montaña.

El anciano mendigo afirmó con la cabeza y, antes de que el monarca y los suyos retomaran su camino, se apartó del su lado con una reverencia. No fue hasta que la luna se alzó entre las nubes y la oscuridad gobernó Trasmoz por completo que el mendigo no extrajo de su capa un viejo libro.

Un libro repleto de hechizos y encantamientos capaz de convertir al hombre más miserable en el más poderoso que haya pisado la tierra. Y es que, al parecer, aquel mendigo no era lo que aparentaba ser. No se trataba de un loco harapiento, sino un poderoso brujo llamado Mutamín, e invocando a los cuatro elementos y a las almas que descansaban en el cementerio de Trasmoz, levantó roca por roca, un imponente castillo.

Trabajó en su obra toda la noche, desde la puesta del sol hasta la salida de éste y, al terminar, se dirigió ante la corte real para anunciar que ya había cumplido con su parte del trato.

—Aquí tenéis las llaves de vuestro castillo, mi señor –afirmaría Mutamín con total seguridad, ofreciéndole al rey unas resplandecientes llaves de oro.

—¿De dónde has sacado eso? –reclamaría el rey–. ¡Exijo una respuesta!

—Un mago jamás revela sus secretos, majestad.

Al principio, y como cabría de esperar, el rey no dio crédito a sus palabras y es muy probable que ordenase a los guardias que echaran de su fortaleza a aquel impertinente charlatán; pero un mensajero de Trasmoz impidió que aquello sucediera. Irrumpiría en la sala del trono, exhausto y cubierto de sudor, para decirle al rey que, en lo alto de la montaña, había aparecido un imponente castillo. Imaginaos el instante de silencio y, enseguida, el estallido de los murmullos de incredulidad en la sala.

Según el relato popular, el rey cabalgó junto a su séquito en dirección al pueblo para comprobar con sus propios ojos que lo que le estaban contando era cierto y, ante la evidencia, no le quedó otra alternativa que cumplir su parte del trato y nombrar alcaide al anciano mendigo.

Otra versión de la leyenda cuenta que, en realidad, Mutamín era un mendigo cualquiera que deseaba con todas sus fuerzas convertirse en alguien importante y, para lograr su cometido, vendió su alma al Diablo para que éste construyera el bello e imponente castillo de Trasmoz en una sola noche.

Existió un autor que recopiló tanto ésta como algunas otras de las leyendas más intrigantes del pueblo de Trasmoz: Gustavo Adolfo Bécquer. El poeta, considerado el mayor exponente del Romanticismo tardío en la literatura española, padeció en 1863 una recaída de una enfermedad venérea contraída años atrás, por lo que se vio obligado a buscar ayuda y reposo. Por ello, en la compañía de su hermano, el pintor Valeriano Domínguez Bécquer, decidió instalarse temporalmente en el monasterio de Veruela, ubicado en las faldas del Moncayo. El aire de aquellas tierras era conocido por ser muy puro y beneficioso para el tratamiento de la tuberculosis y, además, se decía que las tierras que lo rodeaban estaban llenas de leyendas e historias de brujas. En ese territorio, Bécquer encontró la inspiración para crear su siguiente obra, *Cartas desde mi celda*. Esta obra estaría compuesta por nueve cartas que se irían publicando a lo largo de 1864 en el diario *El Contemporáneo* y cabe decir que cada una de ellas sería más curiosa que la anterior.

La obra de Bécquer da comienzo con un viaje. Un viaje que lo lleva directamente a descubrir algunas de las leyendas más mágicas y misteriosas del pequeño pueblo de Trasmoz.

En la sexta de sus cartas, el escritor posromántico nos narra una historia que le contaron durante una excursión realizada por aquellas tierras. Al parecer, dos o tres años antes de que Bécquer llegara a aquel lugar, en Trasmoz aconteció un crimen tan atroz como real.

Durante largo tiempo, el pueblo de Trasmoz sufrió una serie de inexplicables calamidades: malas cosechas, la muerte del ganado, la pérdida de seres queridos, desamores... Fueron tantos los problemas que les resultó imposible no culparse unos a otros. Por desgracia, quien se llevaría la peor parte sería una mujer solitaria de 46 años a la que todos llamaban la Tía Casca.

En tiempos de la cacería de brujas, la Santa Inquisición recopiló ciertas características para que los ciudadanos fueran capaces de detectar con gran facilidad a las brujas que se escondían entre ellos: mujeres pelirrojas, con extrañas marcas de nacimiento, que no cumplían con las festividades y los ritos católicos... Y entre todas esas características, se encontraba también la de ser ancianas solitarias que preferían vivir al margen de la sociedad.

Las mujeres solitarias y silenciosas solían ser más propensas a tomar la senda del Maligno y más aún cuando parecían poseer conocimientos que sus conciudadanos no tenían como, por ejemplo, saber las propiedades de determinadas hierbas medicinales y crear con ellas remedios para distintas dolencias.

De Joaquina Bona, más conocida como la Tía Casca, en un momento de penurias, se llegaron a contar auténticos horrores. Se dijo que procedía de una extensa estirpe de brujas que poseían conocimientos oscuros y sobrenaturales. Brujas capaces de crear ungüentos que conferían poderes a todo aquel que bañara su cuerpo en ellos... Pero el más poderoso de todos los conocimientos heréticos que atesoraba aquella mujer era un secreto familiar que pasaba de generación en generación: el de surcar los cielos montadas en una escoba.

De la anciana bruja contaban que se pasaba las horas maldiciendo en silencio a los habitantes de Trasmoz, blasfemando, hablando en lenguas muertas y rezando al revés, algo muy propio de aquellos que han dado su alma al Diablo. Durante largo tiempo, los ciudadanos la toleraron pero, en un momento de desesperación, fueron incapaces de contener su ira.

Una turba enfurecida la persiguió por el Moncayo lanzándole piedras y culpándola por todas las calamidades que habían caído sobre ellos: malas cosechas, enfermedades, la pérdida de sus seres queridos y recursos... La supuesta bruja, mientras huía, negaba haber cometido los actos oscuros de los que se la acusaba, pero nadie tuvo piedad.

Le ofrecieron la oportunidad de rezar para expiar sus pecados antes de morir y ella, tras besar los pies de sus perseguidores, se arrodilló, juntó las manos y oró en voz baja. Algunos testigos aseguraron que no estaba rezando, que hablaba en lenguas muertas y que quizás pronunciaba algún tipo de conjuro contra ellos; pero otros aseguraron que sí lo hizo, que efectivamente le pidió a la Virgen que la amparase..., pero que pronunció aquellas palabras a la inversa, algo muy propio de las brujas.

Por desgracia, de nada le serviría rezar, pues sus acusadores ya habían decidido cuál sería su castigo. Tras los rezos, se llevó a cabo un violento forcejeo. La mujer gritó, blasfemó e hizo todo lo posible por liberarse de su condena pero, por desgracia, la muchedumbre enfurecida fue más rápida y fuerte. De un empujón la lanzaron por un precipicio y su cuerpo rodó cuesta abajo, descarnándose y destripando su ropa a medida que chocaba con rocas, ramas y malas hierbas.

Algunos dijeron que la mujer, una vez dejó de caer, continuó aferrándose a la vida con todas sus fuerzas, pero la verdad jamás se sabrá de cierto. Lo único que perduró a través de los años fue la leyenda que su muerte dejó y es que, según los lugareños, su malvado espectro decidió embrujar el último lugar que sus pies pisaron: aquella montaña.

Las habladurías comenzaron a decir que la malvada Tía Casca intentaba confundir a los transeúntes que se atrevían a pasar por allí. También sostenían que imitaba el aullido de los lobos o que emitía sonidos extraños para confundir a las personas y atraerlas hasta el precipicio y, cuando éstas se asomaban, de entre las rocas del fondo emergía su brazo huesudo y amarillento invitándoles a bajar a por ella.

Lamentablemente la leyenda no acababa aquí y es que, antes de que sus espectadores echaran a correr, la Tía Casca surgía de entre las rocas, saltaba con la mágica gracilidad que el demonio le había brindado, agarraba por los pies a quien la hubiera descubierto y lo arrastraba junto a ella hasta el fondo del precipicio.

El pueblo, tras la muerte de la Tía Casca, continuó acusando a más mujeres de practicar la brujería. De hecho, acusaban también a la hermana y a la sobrina de la bruja asesinada y amenazaban con acabar con ellas de una vez por todas pero, lamentablemente, no sabemos con exactitud si les dieron caza o acabaron perdonándoles la vida.

La séptima carta escrita por Gustavo Adolfo Bécquer contaba la primera leyenda que os he presentado al inicio de esta historia. Sin embargo, la octava trataba de una historia aún más especial, y es que el autor ya no habló sobre magos nigromantes sino sobre brujas pero, antes de contaros esta historia, debemos remontarnos al siglo XIII d. C.

Los textos de la época describían a Trasmoz como una «isla laica». Un punto ensombrecido en el mapa que, pese a estar bajo el control del monasterio de Veruela, era incapaz de cumplir con las normas establecidas. Se decía que su población tenía creencias paganas, que sus mujeres maldecían a los viajeros, destrozaban las cosechas y propagaban enfermedades y que, los sábados por la noche, todos se reunían en el interior del castillo maldito para llevar a cabo siniestros aquelarres. Otro de los rumores que en aquella época comenzaron a surgir era que todo el que se aproximaba a Trasmoz podía escuchar el ruido de las cadenas de las almas condenadas escondidas en las entrañas del castillo.

Es en este contexto donde parece ubicarse la octava carta de Gustavo Adolfo Bécquer pues, según las historias que le contaron, hubo un religioso que intentó exorcizar aquellas tierras. Su nombre era mosén Gil y él hizo todo lo posible por liberar a los trasmoceros del mal que habitaba en sus corazones. Sin embargo, las brujas de aquellas tierras no estaban dispuestas a dejar sus malas artes atrás y embrujaron a la sobrina del religioso, Dorotea, para que se convirtiera en una de ellas. Es a partir de aquí cuando la leyenda se torna en una realidad un tanto siniestra.

En el año 1255, Andrés de Tudela, abad del monasterio de Veruela, decidió excomulgar definitivamente a todos los vecinos de Trasmoz. La leyenda cuenta que tomó esta decisión debido a que el pueblo era incapaz de abandonar sus malas prácticas y abrazar el catolicismo. Sin embargo, la realidad pudo ser otra muy distinta. Y es que, al parecer, tanto el monasterio como el pueblo se aprovisionaban de leña en los mismos bosques y constantemente tenían conflictos para repartir el preciado material. Harto de las discusiones, el abad habría decidido excomulgar al pueblo y conceder prioridad al monasterio respecto a la explotación del bosque.

Pero no penséis ni por un instante que el enfrentamiento entre los clérigos y el pueblo terminó ahí. Con el pasar de los años, resurgió.

En 1511, el monasterio de Veruela volvería a cargar contra el pueblo y, en aquella ocasión, no lo harían por causa de la leña sino por el agua.

La corona había otorgado ciertos beneficios en favor del pueblo. Había un río que pasaba junto a la aldea y habían decidido conceder el control de éste a los ciudadanos de Trasmoz. Por desgracia, los clérigos no estaban de acuerdo con esta decisión ya que el agua, antes de llegar al pueblo, pasaba muy cerca de su monasterio así que consideraban que, en realidad, el control del río debía pertenecerles a ellos y convertirse en un arma para controlar también al pueblo.

En cierto momento, Pedro Manuel Ximénez de Urrea, señor de Trasmoz, se enfrentó al abad del monasterio recordándole que el río pertenecía al pueblo, no a la Iglesia, y que así lo habían decretado los reyes. Fue entonces cuando el clérigo quiso vengarse y, en cierto momento, decidió desviar el cauce natural del río en beneficio del monasterio.

Se realizaron ciertas obras para que el cauce dejara de pasar por Trasmoz y se introdujera en el interior del monasterio, lo cual generó un grave conflicto, en el que terminaron por mediar las Cortes de Aragón. Como cabría de esperar, la ley dio su apoyo al pueblo de Trasmoz y aquello trajo nuevamente consecuencias negativas. Según cuentan, una noche, el abad cubrió el crucifijo del altar con un velo negro y citó el salmo 108 maldiciendo así a todos los trasmoceros y trasmoceras.

> «Mi corazón está dispuesto, oh Dios;
> Cantaré y entonaré salmos; esta es mi gloria.
> Despiértate, salterio y arpa;
> Despertaré al alba.
> Te alabaré, oh Jehová, entre los pueblos;
> A ti cantaré salmos entre las naciones.
> Porque más grande que los cielos es tu misericordia,
> Y hasta los cielos tu verdad.

> Exaltado seas sobre los cielos, oh Dios,
> Y sobre toda la tierra sea enaltecida tu gloria.
> Para que sean librados tus amados,
> Salva con tu diestra y respóndeme.

Dios ha dicho en su santuario: Yo me alegraré;
Repartiré a Siquem, y mediré el valle de Sucot.
Mío es Galaad, mío es Manasés,
Y Efraín es la fortaleza de mi cabeza;
Judá es mi legislador.
Moab, la vasija para lavarme;
Sobre Edom echaré mi calzado;
Me regocijaré sobre Filistea.

¿Quién me guiará a la ciudad fortificada?
¿Quién me guiará hasta Edom?
¿No serás tú, oh Dios, que nos habías desechado,
Y no salías, oh Dios, con nuestros ejércitos?
Danos socorro contra el adversario,
Porque vana es la ayuda del hombre.
En Dios haremos proezas,
Y él hollará a nuestros enemigos».

Se dice que cada versículo iba acompañado por un toque de campana para que el pueblo fuera consciente del castigo al que se enfrentaba y sus habitantes no olvidasen jamás el motivo por el cual la Iglesia les daba la espalda.

Del mismo modo en que la excomulgación de Trasmoz tiene un sentido distinto al que las leyendas quisieron darle —asumiendo que fue el resultado de un conflicto de intereses entre la Iglesia y el pueblo—, la maldición que se cierne sobre las ruinas de su hermoso castillo también parece presentar otra versión de los hechos.

Muchos creen que la leyenda de la construcción mágica y oscura del castillo no fue más que una invención de los clérigos. Que todas las leyendas sobre brujas que pesaban sobre Trasmoz se originaron a partir de una gran mentira. Existen registros que aseguran que, a mediados del siglo XIII, Blasco Pérez, quien era sacristán de Tarazona, decidió comenzar a fabricar monedas falsas tras los muros del castillo.

Trasmoz, por aquel entonces, contaba con la presencia de poco menos de 100 habitantes, por lo que parecía el lugar perfecto para desempeñar dicha labor. Sin embargo, acuñar monedas falsas no era una tarea sencilla. Era algo ruidoso y pesado y, si alguien descubría los tejemanejes del sacristán, probablemente la pena que sufriría sería la muerte. Fue entonces cuando decidió expandir el rumor de la creación del castillo. Comenzaría a contar a los lugareños que un mendigo llamado Mutamín había erigido la construcción en una sola noche ayudándose de los espíritus y la intervención de los cuatro elementos.

Otra de las historias que contaría sería que, por las noches, se producían perturbadores aquelarres en las entrañas del castillo y que las almas de los espíritus condenados hacían sonar sus cadenas. Sin embargo, ese siniestro sonido, en realidad, no se trataba de una melodía de ultratumba, sino del trabajo de falsificación que el sacristán estaba llevando a cabo.

Cabe decir que Blasco Pérez no tuvo el final que hubiera deseado pues, en el año 1267, según los *Anales de la Corona de Aragón*, fue condenado a muerte por cometer dicho delito. Sin embargo, teniendo en cuenta que era un religioso, es más que probable que conmutara su pena por el enclaustramiento o la suspensión de sus labores.

Con el pasar de los siglos, las leyendas de brujas fueron endulzándose y ya no se hablaba únicamente de la maldición de aquel castillo o del asesinato real de la Tía Casca –de quien no sabemos a ciencia cierta la verdad–. Se comenzó a hablar de brujas bondadosas como la Tía Galga y su hija, quienes leían el destino y realizaban brebajes mágicos. También se decía que, aparte de ellas, había muchas otras brujas que ayudaban a que las cosas fueran bien en el pueblo y a que sus habitantes gozaran de salud y prosperidad.

Según esto, el pueblo de Trasmoz decidió no olvidar sus historias de brujas y acabó convirtiéndolas en un interesante atractivo turístico. En él, según nos cuentan en el blog *La identidad de Aragón*, se celebran anualmente jornadas dedicadas a la brujería. Sus habitantes decoran sus calles con pinturas, esculturas y placas conmemorativas que hacen alusión a la figura de la bruja y a la obra de Gustavo Adolfo Bécquer. Entre las distintas actividades que llevan a cabo, cambian a los visitantes euros por maravedíes para que se introduzcan de lleno en las historias de antaño, utilizándolos para pagar los diferentes servicios que se ofrecen durante el festejo.

Otra de las actividades más llamativas que se ofrecen es el nombramiento de la «Bruja del Año». Una actividad muy interesante en el que hacen acto de presencia las brujas de Trasmoz y, entre ellas, las que han recibido dicho título en anteriores años. Todas ellas reciben, a modo de obsequio, una placa de cerámica para que la puedan colgar en la puerta de sus casas y lucir con orgullo ante el resto del pueblo que son auténticas brujas.

Sin embargo, en Trasmoz no sólo celebran a las brujas, sino también a las almas de los difuntos, otro elemento igualmente presente en sus leyendas. Y es que, cada 2 de noviembre, encienden una vela en honor a cada uno de sus difuntos y las introducen en el interior de calabazas previamente vaciadas. Esta tradición podría hacernos pensar en una adaptación española del Halloween estadounidense pero, lo cierto es que se trata de una tradición que se remonta a la cultura celta, pues ellos celebraban el cambio de estación con una fiesta llamada Samhain, que literalmente significa «el fin del verano».

Los celtas consideraban que, justo cuando la rueda del año reducía sus horas de luz, daba comienzo un ciclo nuevo. Y era justo en ese momento de cambio cuando la luz y la oscuridad de unían, y el velo que separaba el mundo de los vivos del de los muertos se desvanecía durante unas horas. Por ello, en Samhain se llevaba a cabo un gran banquete junto a los espíritus de los difuntos. Pero esta tradición no era tan alegre como podríamos imaginar pues, al desvanecerse el velo, también llegaban a este mundo entidades negativas: seres oscuros y malvados que buscaban perturbar la paz de los vivos.

PARA SABER MÁS

Bécquer, Gustavo A.: *Desde mi celda*. Editorial Austral, 1864.

https://historol.blogspot.com/2017/05/trasmoz-el-pueblo-excomulgado.html

www.europapress.es/aragon/noticia-trasmoz-revive-historia-unico-pueblo-maldito-espana-20160629140707.html

https://historiaragon.com/2017/07/03/la-maldicion-de-trasmoz/

https://identidadaragonesa.wordpress.com/2015/10/26/las-brujas-de-trasmoz/

www.elplural.com/sociedad/brujeria-y-paganismo-en-trasmoz-el-unico-pueblo-excomulgado-de-espana_226823102

http://dentrodelmisterio.blogspot.com/2015/03/trasmoz-excomugado-y-maldito.html

PENDLE HILL

Esta historia da comienzo en un pequeño pueblo inglés llamado Pendle Hill, ubicado en los Peninos, al este de Lancashire. Hoy en día, la zona sobre la que antaño se alzaba este enclave resulta ser un paisaje idílico gobernado por los intensos colores de la naturaleza y por un cierto aire de misterio que te invita a recorrer cada uno de sus rincones. Sin embargo, esta imagen no se corresponde para nada con la que las gentes del siglo XVII tenían de este lugar.

A principios del siglo XVII era una tierra temida por todos. Las autoridades la consideraban una región salvaje y sin ley en la cual, si alguien osaba adentrarse, probablemente no saldría con vida. Se decía que en aquella área acontecían todo tipo de eventos violentos tales como robos, peleas y asesinatos. Asimismo, se rumoreaba que los habitantes de este pueblo tenían relaciones unos con otros y que fruto de sus uniones nacían terribles abominaciones.

Toda leyenda siempre tiene una parte de verdad y, en el caso de Pendle Hill, se trataba de una realmente escandalosa. Los habitantes de aquel pueblo siempre fueron abiertamente católicos y, antaño, realizaban sus misas en la abadía de Whalley. Los reyes ingleses eran disidentes, pero nunca habían tenido problemas con el credo de sus súbditos.

Sin embargo, en 1538, el rey Enrique VIII decidió cambiar esto. Optó por acabar con el catolicismo e imponer sus creencias al pueblo inglés, y el mejor modo de hacerlo era disolviendo las abadías y obligando así a los católicos a abandonar sus prácticas.

Muchos sacerdotes fueron perseguidos y algunos se vieron obligados a esconderse en los bosques. Por ello, al no tener representantes de su religión cerca ni tampoco iglesias a las que acudir, los habitantes de Pendle se sintieron perdidos. Pero, aun así, no abandonaron sus prácticas. Encontraron el modo de mantenerlas vivas y, cuando en 1553 María Tudor –que era católica– ascendió al trono, volvieron abiertamente al catolicismo.

Lamentablemente la paz de estas tierras no duraría mucho tiempo ya que, en 1558, el trono fue ocupado por Isabel I y ésta volvió nuevamente a instaurar la Iglesia de Inglaterra. Así que, una vez más, los habitantes de Pendle se vieron condenados a llevar sus prácticas en el más estricto de los secretos.

Pero, por desgracia, cuando Jacobo I de Inglaterra y VI de Escocia ascendió al trono, el silencio y la discreción no sirvieron para nada, pues él no quería que los católicos fueran silenciosos sino inexistentes.

La historia de este rey es realmente truculenta.

Al parecer, siempre fue un hombre peculiar. De él se cuenta que era muy inteligente y un gran amante de la literatura pero que, al mismo tiempo, también era muy inseguro y cobarde. A su alrededor acontecieron tantos asesinatos y se llevaron a cabo tantos complots que, en un momento dado, comenzó a obsesionarse con la idea de que cualquier día podrían intentar acabar con su vida. Por ello, decían que se paseaba por todas partes con placas de hierro bajo la ropa para evitar ser apuñalado.

En sus primeros años era un hombre preocupado por la fragilidad de la vida pero, a medida que fue creciendo, sus obsesiones cambiaron. En 1587, tras la muerte de su madre, María de Estuardo, los miembros de la corte le sugirieron contraer nupcias con una mujer de alta cuna para mantener su linaje y posición social. Es ahí cuando, a principios de 1589, se casó por poderes con Ana de Dinamarca.

Una vez firmado el acuerdo, la dama subió a un navío y partió rumbo hacia las costas escocesas.

El viento era favorable y los marineros calculaban que, en breve, la joven se reuniría con el rey Jacobo. Pero, sin previo aviso, el sol quedó cubierto por un espeso manto de nubes y una feroz tormenta sacudió el buque. Incluso los marineros más experimentados llegaron a temer por sus vidas y aseguraron que, si no atracaban pronto, el mar engulliría el barco y todos sus tripulantes serían pasto de los peces. Por ello, navegaron hasta las costas de Noruega y, desde allí, el séquito de Ana de Dinamarca se puso en contacto con el rey Jacobo. Le dijeron que el tiempo no era favorable y que, hasta primavera, no retomarían su viaje a Escocia.

Sin embargo, el monarca no podía esperar. Quería conocer en persona a su esposa así que, muy intrigado, viajó hacia Noruega acompañado por un séquito de 300 hombres y, en cuanto pisó aquellas tierras el 23 de noviembre de 1589, contrajo nupcias con Ana de Dinamarca en el Palacio Episcopal de Oslo.

A partir de ahí es cuando el rey conoce la pesadilla de las brujas. Y es que el almirante de la flota de aquel navío culpaba al ministro de finanzas danés de haber equipado la nave real de forma tan insuficiente que no había resistido una simple tormenta. Si era declarado culpable podía ser condenado a morir en la horca así que, para evitar aquel terrible destino, debió de pronunciar las siguientes palabras:

—El navío estaba provisto del mejor equipamiento –afirmaría con seguridad–. Pero ninguna nave es capaz de navegar en aguas embrujadas.

Según este hombre una bruja llamada Karen la Tejedora, con la ayuda de los miembros de su aquelarre, había maldecido al barco introduciendo en su interior pequeños seres demoníacos que, en cuanto sintieron que se encontraban en alta mar, treparon por la quilla y convocaron una mágica y fiera tormenta.

En aquellas tierras, la creencia en los espíritus malignos era algo latente. Y, tan sólo con las palabras de aquel hombre, el pánico empujó a todos a exigir la cabeza de Karen la Tejedora y de su aquelarre. Es entonces cuando se inicia un terrible proceso judicial contra las brujas presuntamente implicadas. Un proceso que pasó a la historia bajo el nombre de «el juicio de las brujas de North Berwick».

El rey Jacobo, al escuchar esta historia y presenciar el resultado de algunos de estos juicios, no pudo evitar obsesionarse con el tema. Escuchó las confesiones de aquellas mujeres, las vio sufrir todo tipo de torturas y creyó ver con sus propios ojos las «marcas de bruja» de las que tanto hablaban las leyendas.

Por ello, cuando en julio del año 1590 regresó a Escocia junto a su esposa, decidió crear un tribunal especializado en la caza de brujas. Se había convertido en un hombre profundamente convencido de que las fuerzas demoníacas habitaban la tierra y corrompían las almas de los seres humanos. Para él, el problema principal del mundo no sólo era la brujería sino también el catolicismo. A ojos del rey Jacobo los rituales católicos podían llegar a equiparse a la magia e incluso a la brujería.

Llegó a obsesionarse tanto con el tema que, en 1597, escribió un tratado titulado *Daemonologie* en el que condenaba la brujería e intentaba inspirar a todo aquel que lo leyera a perseguirla y castigarla.

No contento con esto, a inicios de 1612, ordenó a todos los jueces de paz de Lancashire que compilasen una lista con los nombres de todas las personas que se negaran a asistir a la Iglesia de Inglaterra y a tomar la Eucaristía ya que, al negarse a hacerlo, estarían quebrantando la ley y podrían ser enviadas a prisión.

El encargado de hacer la compilación de Pendle Hill fue el juez Roger Nowell. Su misión era muy simple: el gobierno no podía acusar directamente a todo un pueblo de herejía, juzgarlos a todos sus habitantes y ejecutarlos en la horca. Aquello podría provocar una revuelta y, con el tiempo, resultaría contraproducente. Necesitaban una pequeña chispa que, con los rumores y las leyendas, acabara desatando un fiero incendio. Pendle Hill era un núcleo de problemas pero, si querían erradicarlo, necesitaban algo más…

En marzo de 1612, un hombre llamado Abraham Law se presentó ante las autoridades e interpuso una denuncia.

—Buenos días, monseñor –debió de pronunciar mientras se quitaba el sombrero–. Vengo a interponer una denuncia.

—¿De qué se trata? –preguntaría el agente de servicio.

—De una bruja –un silencio sepulcral debió de inundar la sala–. Una terrible bruja que, con sus malas artes, ha acabado con la vida de mi padre.

—¿Cómo es eso posible? –debió de preguntar el agente, estupefacto ante las afirmaciones del caballero.

—Un maleficio, señor. Mi padre recorría los caminos de Pendle y ella le asaltó sin más. Le maldijo y él, en el transcurso de unas horas, sufrió una muerte espantosa.

Aquélla fue la chispa que esperaban los altos mandos del gobierno inglés. Con sólo pronunciar el nombre de Pendle, el agente supo de inmediato que debía alertar a sir Roger Nowell.

La historia que aquel hombre relató resultó fascinante. Al parecer, John Law, un vendedor ambulante oriundo de Hallifax, mientras recorría el pueblo de Pendle Hill, sufrió un extraño percance que le costó la vida. Había oído hablar de las leyendas y los rumores que pesaban sobre aquellas tierras, pero pese a ello no les había dado importancia. Tenía que ganarse la vida y, si se dejaba llevar por las habladurías de la gente, no saldría jamás de su casa.

En algún momento de su recorrido, John fue detenido por una adolescente llamada Alizon Device y, fue entonces, cuando dio comienzo su peor pesadilla.

—Disculpe, buen señor –diría ella–. ¿Tendría la amabilidad de venderme un par de alfileres?

John miró a la joven de arriba abajo. La familia Device tenía fama de estar formada por brujas sanadoras y, si él hacía tratos con alguno de sus miembros, podrían acusarle de estar pactando con el mismísimo Diablo. Sin embargo, el problema principal en aquellos momentos no era aquél, sino que la joven Alizon vestía con harapos.

«¿Cómo pretenderá pagarme si no tiene dinero ni para comprarse buenas telas con las que confeccionar un vestido?», debió de preguntarse. «Si saco la mercancía y se la muestro, la arrancará de mis manos y echará a correr».

Ante aquella evidencia John negó con la cabeza. No quería arriesgarse y, sin mediar palabra, continuó su camino. Avanzó unos pocos metros con la esperanza de dejar cuanto antes aquel pueblo pero, de súbito, comenzó a sentirse extraño. Su vista empezó a nublarse y uno de sus brazos quedó totalmente paralizado. Intentó pedir ayuda, pero las palabras no salían de su boca pues su lengua no respondía a las órdenes que el cerebro le enviaba.

Nadie se explica cómo fue posible que John Law llegara a casa. Algunas fuentes dicen que se desplomó sobre la carreta y que su caballo lo condujo de regreso a su hogar pero, fuera como fuere, unas horas más tarde falleció entre terribles sufrimientos.

El juez Roger Nowell no podía creer lo que estaba oyendo. Si atrapaban a Alizon Device y la acusaban de brujería, quizás también lograrían procesar a todos sus seres queridos así que, haciendo caso a los rumores, ordenó a las autoridades que registrasen la residencia familiar.

Los agentes irrumpieron en la propiedad sin previo aviso y, poniéndolo todo patas arriba, encontraron lo que parecía ser una evidencia clara de que en aquella casa se practicaba la brujería. Sobre la mesa de la cocina, hallaron una masa de arcilla con forma humana.

—No es lo que están pensado –debió de decir Elizabeth Device, madre de Alizon–. Esta figura no ha sido creada para dañar a las personas, sino para curar sus males.

—¡Estupideces! –exclamaría uno de los agentes–. Es magia y la magia, positiva o negativa, sigue siendo una argucia del Maligno.

—Tan sólo es una figura de arcilla –replicaría ella.

—Una figura creada con fines diabólicos, señora. Tendrán noticias del juez Nowell.

En este punto, la familia Device tenía dos opciones: o entregaban a Alizon acusándola de brujería o luchaban hasta el final por defender su inocencia. Por desgracia, parece que no lograron ponerse de acuerdo entre sí y, el 30 de marzo de 1612, cuando estaban ante el juez, cada uno de ellos contó una historia completamente distinta.

La primera en hablar fue la propia Alizon y ella, sin necesidad de ser sometida a un interrogatorio, confesó todo lo que le pidieron. Admitió que, tiempo atrás, vendió su alma al Diablo para convertirse en una bruja muy poderosa. También aseguró que cuando John Law se negó a venderle los alfileres le pidió al Maligno que le hiciera daño, pero éste no se conformó con eso y optó por quitarle la vida causándole una apoplejía.

El siguiente en testificar fue su hermano, James Device. Este muchacho, en lugar de defender a Alizon, echó más leña al fuego. Le dijo al juez que, aparte de matar a John Law, la chica también había acabado con la vida de un niño del pueblo usando la magia negra.

Con estos dos testimonios podríamos pensar que el caso estaba cerrado. Las autoridades tenían una bruja a la que ahorcar así que no necesitaban más testigos que corroborasen su culpabilidad. Fue entonces cuando, Elizabeth Device, madre de la acusada, subió al estrado y comenzó a hablar.

Ella ni defendió ni siguió acusando a su hija, sino que decidió desviar la atención hacia otra persona: la abuela de la familia, Elizabeth Southerns, más conocida como Demdike.

—La abuela es la verdadera culpable –afirmaría con total seguridad–. Ella es una auténtica bruja y, por lo tanto, le ha enseñado todo lo que sabe sobre encantamientos y magia negra.

—¿Sabe usted cuán grave resulta esta acusación? –debió de preguntar el juez, a lo que la mujer asentiría–. ¿Tiene usted alguna prueba de lo que está diciendo?

—Por supuesto. Demdike posee una marca de bruja en su cuerpo. La he visto con mis propios ojos.

«Esto es demasiado bueno para ser verdad», debió de pensar Roger Nowell. Toda la familia Device sería investigada por brujería. Sin embargo, Alizon decidió que no se iría sola a la horca y decidió acusar también a otra familia de la zona: los Chattox.

Alizon contó que, en 1601, uno de los miembros de esta familia se coló en Malkin Tower –hogar de los Device– y robó bienes por valor de una libra esterlina, cantidad que en aquellos tiempos era muy elevada. No contenta con esta confesión, la muchacha tomó aire y contó algo que hizo que todos los presentes se quedaran de piedra. Y es que aseguró que Anne Whitle, abuela de los Chattox, era una malvada bruja que con sus malas artes había llegado a asesinar a cinco hombres de Pendle Hill. Hombres que, en alguna ocasión, le habían llevado la contraria.

La familia Device podría haber hecho la vista gorda ante este terrible evento pero, por desgracia, una de las víctimas había sido su patriarca: John Device.

Durante años, la familia Chattox había impuesto un reinado de terror en Pendle Hill. Sus miembros amenazaban a todos con maldecirles si no les pagaban un tributo anual y los Device, al igual que el resto de familias, aceptaron a regañadientes. Año tras año cumplían con su tributo, entregando ocho libras de harina de avena a esta monstruosa familia pero, en un momento dado, John Device se hartó.

Le parecía injusto trabajar de sol a sol para que los Chattox disfrutaran de los frutos de su esfuerzo. Así que, llegado el momento, se cruzó de brazos y se negó a presentar su tributo. Fue entonces cuando, según Alizon, cayó enfermo y murió.

Para los Device estaba muy claro: la bruja Anne Whitle había acabado con su vida usando sus terribles maleficios.

El juez Roger Nowell, ante estas declaraciones tan surrealistas, se frotaría las manos aún más y, chasqueando los dedos, mandó a traer ante su presencia no sólo a Anne Whitle sino también a dos personas más: Ann Redferne, su hija, y la abuela Demdike.

Las declaraciones de las tres mujeres se llevaron a cabo el día 2 de abril de 1612 y cada una de ellas ofreció un testimonio aún más surrealista que el anterior.

La anciana Demdike y Anne Whitle admitieron sin tapujos haber entregado su alma a seres de otro mundo. Demdike dijo habérsela entregado al Diablo 20 años atrás y Whitle, a un ser que no supo identificar bajo la promesa de que «jamás le faltaría nada y que obtendría la venganza que deseaba».

Pero, mientras las ancianas eran capaces de admitir lo imposible, Ann Redferne negó ser una bruja. Aseguró que siempre había sido una buena cristiana y que nadie podría decirle lo contrario. Había orado mañana, tarde y noche, asistido a la Iglesia de Inglaterra y había sido siempre una buena samaritana.

Por desgracia, como solía ocurrir en estos casos, no tardaron en aparecer testimonios en contra de esta mujer. Demdike juró haber visto a Redferne haciendo figuras de arcilla antropomorfas, lo cual indicaba que, en efecto, sí era una bruja. Y Margaret Crooke, una vecina de Pendle Hill, aseguró que su hermano falleció tras mantener una acalorada discusión con ella.

Roger Nowell, casi al instante, relacionó ambos testimonios.

«Probablemente ambas historias se relacionen entre sí», pensaría él. «Ann Redferne pudo discutir con el hermano de Crooke. Después, modeló la figura de arcilla que Demdike vio y, días más tarde, el hombre perdió la vida. Todo encaja», concluiría.

Con todo esto, el juez decidió acusar por el delito de *maleficium* a Alizon Device, Demdike, Anne Whitley y Ann Redferne y, a continuación, las envió a la prisión de Lancaster.

El caso pudo haberse cerrado entonces. Ya tenían a las brujas y, cuando todas fueran juzgadas y condenadas a muerte, la tierra de Pendle Hill volvería a convertirse en un lugar respetable, pero Elizabeth Device, madre de Alizon, decidió que no podía permitirlo.

El 6 de abril de 1612 –Viernes Santo–, esta mujer organizó una reunión con varios vecinos y familiares en Malkin Tower. Entre todos pretendían decidir cuál iba a ser el siguiente paso. ¿Qué harían? ¿A quién acudirían? ¿Cómo podrían reestablecer el honor de las acusadas?

En un principio la reunión sería una simple comida familiar, pero asistió prácticamente el pueblo entero. Al ser tantas personas, Elizabeth no supo qué ofrecerles para comer así que envió a James, su hijo, al terreno de unos vecinos para robarles una oveja.

Cuando la noticia llegó a oídos de Roger Nowell, éste no pudo dar crédito.

«Tanta gente reunida tras la acusación de cuatro brujas no puede augurar nada bueno», pensaría. «Debe de tratarse de una conspiración».

Unas semanas más tarde, el 27 de abril, se reunió con el magistrado Nicholas Bannister y juntos redactaron el listado de las personas que acudieron a la reunión. Tras ello, revisaron testimonios y decretaron que lo que aquel Viernes Santo se llevó a cabo en Malkin Tower no fue una simple reunión sino un ritual de magia negra. Por ello, al listado de cuatro brujas que iba a ser procesadas se unieron los nombres de ocho personas más: Elizabeth Device, James Device, Alice Nutter, Katherine Hewitt, John Bulcock, Jane Bulcock, Alice Gray y Jennet Preston. Los doce supuestos brujos y brujas fueron procesados junto a las llamadas brujas de Samlesbury y otros múltiples acusados por el mismo delito oriundos de otras localidades. Sin embargo, cabe decir que, debido a que procedían de distintas localidades, el proceso se desarrolló en tres juicios celebrados en dos ciudades: York y Lancaster.

El primer juicio se llevó a cabo en la ciudad de York el 27 de junio de 1612 y se hizo únicamente contra una acusada: Jennet Preston. La dama era oriunda de Gisburn, Yorkshire y, al parecer, había sido acusada de asesinar a un niño de Pendle empleando la magia negra.

Durante el juicio la acusación no tuvo pruebas suficientes en su contra y, por ello, la declararon «no culpable». Su caso pudo haberse cerrado entonces, pero la justicia inglesa no estaba contenta con esto. Quizás había algo en ella que no gustaba a los altos mandos o quizás respondía a demasiadas características propias de las brujas pero, fuera como fuera, decidieron que no iba a sobrevivir. Por ello lanzaron sobre ella una nueva acusación: el asesinato de Thomas Lister.

Un testigo aseguró que Jennet Preston acudió a la reunión de Malkin Tower para pedir a las brujas de su aquelarre que la ayudasen a encubrir el crimen pero la mujer, el escuchar estas declaraciones, lo negó todo. Dijo que ella jamás dañó o intentó dañar a Thomar Lister, y mucho menos usando la magia negra.

Fue en este punto cuando, a uno de los magistrados, se le ocurrió la brillante idea de obligar a la mujer a tocar el cadáver del señor Lister. Si el cuerpo no sufría ningún cambio, sería declarada inocente y puesta en libertad inmediatamente pero, si por contra, ocurría algo inusual, sería condenada a muerte *ipso facto*.

Por desgracia los escritos de la época afirman que, en cuanto la yema de sus dedos rozó la carne muerta del señor Lister, de ésta comenzó a brotar sangre fresca, así que los jueces hicieron sonar su mazo sentenciándola a la horca.

El segundo juicio se llevó a cabo en Lancaster el 18 de agosto de 1612 y en él se procesó a Anne Whitle, Elizabeth y James Device.

A Whitle se la acusó de haber asesinado a Robert Nutter y la mujer cayó en contradicciones al articular su relato. Durante los interrogatorios, probablemente siendo sometida a terribles torturas, la mujer confesó haber cometido el crimen. Sin embargo, una vez se halló ante los jueces, lo negó todo. Por ello la justicia hizo llamar al único testigo del caso: James Robinson. Este hombre aseguró que Whitle con sus malas artes volvió agria su cerveza. No tenía pruebas que lo respaldaran pero, aun así, sus palabras bastaron para que la mujer recibiera una sentencia de muerte.

La siguiente en ser juzgada fue Elizabeth Device y a ella se la acusó de haber matado a James Robinson, el hombre que inculpó a Anne

Whitle. Según el testimonio de Thomas Potts, el secretario de Lancaster Assizes de aquellos tiempos, la sentencia de esta mujer estaba clara desde el principio. Hubiera tenido o no testigos en su contra, su aspecto físico ya la habían condenado a muerte, ya que poseía todas las características típicas de una bruja.

A pesar de ello, la acusación decidió dar un poco más de sentido a la historia, y decidió pedir a Jennet Device, su hija de nueve años, que testificara en su contra.

El rey Jacobo I sabía que muy pocas personas se atreverían a testificar en contra de sus seres queridos durante los juicios por brujería, pero, según la tradición popular, los niños siempre decían la verdad. Hasta aquel momento, los menores no podían testificar en juicios pero, a sus ojos, ante situaciones desesperadas debían tomarse medidas desesperadas.

La pequeña Jennet Device fue clave para que su madre fuera condenada a muerte, ya que lo que llegó a declarar horrorizó a todo Inglaterra. Dijo que Elizabeth había estado practicado la brujería durante tres o cuatro años y que además tenía un familiar llamado Ball, el cual se aparecía bajo la forma de un perro de color marrón. La niña también aseguró haber escuchado a su madre pedirle al animal que cometiera varios crímenes en su nombre.

Cuando llegó el turno de James Device, la situación no podía ser más tensa. El hombre hizo todo lo posible por zafarse de una muerte segura llegando incluso a acusar a su propia madre de haber fabricado figuras de arcilla con las cuales maldecir a sus enemigos. Pero, por más que lo intentara, sus palabras tan sólo podrían seguir cavando su propia tumba.

James fue acusado de haber matado a Anne Townley y John Duckworth. Durante los interrogatorios –al igual que sucedió con Ann Whitley– se declaró culpable pero, ante los jueces, negó haber cometido tales crímenes. Por ello, la acusación decidió llamar a su hermana pequeña, Jennet, para que declarase en su contra y cabe decir que ésta no tuvo piedad alguna. Dijo que James siempre había sido un brujo y que, además, tenía un perro negro que le ayudaba a cometer todas sus fechorías.

El tercer juicio se llevó a cabo el 19 de agosto de 1612 y en él fueron procesadas el resto de las brujas: Anne Redferne, Jane y John Bulcock, Alice Nutter, Katherin Hewitt, Alice Gray y Alizon Device.

La primera en subir al estrado fue Anne Redferne, quien fue incriminada de acabar con la vida de Robert Nutter. La acusación no tenía evidencias en su contra así que la absolvieron pero, al día siguiente, la hicieron llamar para acusarla de haber matado a Christopher Nutter. Una vez más, Redferne se declaró inocente pero, en esta ocasión, múltiples testigos decidieron hablar en su contra y afirmar que ella era una bruja mucho «más peligrosa que su madre» pero, la guinda del pastel, llegó cuando la anciana Demdike declaró haber visto a Redferne modelar figuras de arcilla con forma humana.

Jane Bulcock y su hijo John Bulcock fueron acusados de haber asesinado a Jennet Deane por medio de la brujería. Ambos sabían que dicha acusación les podía costar la vida, sin embargo decidieron luchar hasta el final por demostrar su inocencia. Contra la acusación de brujería tan sólo podían esperar pero, cuando fueron señalados por asistir a la reunión de Malkin Tower, lo negaron todo. Fue entonces cuando los jueces hicieron llamar a Jennet Device para que testificara en su contra. Una vez más la pequeña volvió a firmar la sentencia de muerte de alguien diciendo, no sólo que ambos asistieron a la reunión, sino que además John se encargó de cocinar la oveja robada.

La siguiente persona en ser juzgada fue Alice Nutter y, en su caso, las cosas fueron muy distintas. Se dice que ella fue tratada de un modo muy dispar a los demás acusados pues su nivel adquisitivo era ligeramente superior. Se sabe que la mujer fue tratada con más respeto e incluso algunas fuentes llegan a insinuar que es más que probable que no llegaran a torturarla en los calabozos pero, aun así, todo aquello no sirvió de nada. La acusaron de asesinar a Henry Milton usando la brujería y, una vez más, las palabras de Jennet Device volvieron a ser decisivas.

Katherine Hewitt y Alice Gray fueron acusadas conjuntamente de haber matado a Anne Foulds, una niña oriunda de Colne. Contra ellas tenían dos testimonios, los de James y Jennet Device, quienes dijeron no sólo que las vieron en la reunión de Malkin Tower sino que además, una vez allí, contaron a todos lo que habían hecho y restregaron su éxito al resto de brujas.

Sin embargo, en este juicio ocurrió algo muy extraño y es que mientras Katherine Hewitt fue declarada culpable, Alice Gray fue puesta en libertad y todos los cargos en su contra fueron retirados. No queda claro el porqué de esta decisión pero, aun así, sabemos que ella fue la única de todas las brujas juzgadas que pudo conservar su vida.

Los jueces dejaron para el final a la que ellos creían que era la bruja más peligrosa de todas: Alizon Device. Y cabe decir que, pese a que pudieran imaginar mil cosas sobre ella, cuando separó sus labios y comenzó a hablar, todo fue incluso peor de lo que esperaban.

Según dicen, Alizon Device podía tener algún tipo de enfermedad mental. Era una adolescente que vivía aislada del resto del mundo y se comportaba de tal modo que daba la impresión de que no era capaz de discernir la realidad de la fantasía. Pese a ello, decidieron juzgarla como si fuera plenamente consciente de todo lo que ocurría a su alrededor y el resultado fue terrible.

La joven Alizon relató una historia digna de una película de terror.

En aquellos tiempos, las personas creían fervientemente en la existencia de la magia. Un día, Alizon decidió llevar a cabo un hechizo de amor el cual consistía en clavar alfileres en una manzana. Era algo sencillo que la gran mayoría de jóvenes hacían en un momento dado de sus vidas pero, en su caso, acabó como una de las historias de brujas más terribles de todos los tiempos.

Alizon tenía la manzana, pero necesitaba los alfileres. Fue entonces cuando vio pasar a John Law, un vendedor ambulante que parecía perdido. Ella se mostró agradable, dulce y educada. Le pidió amablemente unos pocos alfileres, pero el hombre la miró de arriba abajo, negó con la cabeza y siguió su camino sin dirigirle la palabra.

«¿Cómo se atreve?», debió de pensar Alizon, sintiéndose terriblemente insultada. «¡Esto no va a quedar así!».

Fue en aquel instante cuando el hombre cayó al suelo víctima de un ataque de apoplejía. Probablemente la joven, debido a su condición, no fue capaz de discernir entre la realidad y la fantasía y el miedo invadió todo su cuerpo.

Corrió hasta su casa y una vez allí se convenció a sí misma de que ella había sido la causante de aquel ataque, que con el poder de su mente había condenado a aquel hombre a una muerte segura.

Si aquello hubiera ocurrido en la actualidad, alguien podría haberle explicado a la joven que la dolencia de John Law no era culpa suya, que su mente no había causado la muerte de nadie. Pero en aquellos tiempos bastaba con creer que eras capaz de hacerlo para que te condenaran a la horca bajo la acusación de *maleficium*.

Durante aquellos juicios un total de once hombres y mujeres fueron condenados a morir en la horca y tan sólo una persona, Alice Gray, fue declarada inocente y puesta en libertad. Pero, muy probablemente, ella jamás pudo olvidar todo lo sucedido y cargó con el miedo de volver a ser acusada hasta el fin de sus días.

PARA SABER MÁS

POTTS, T. y CROSSLEY, J.: *The Wonderfull Discoverie of Witches in the Countie of Lancaster*. Dodo Press, 2009.

www.historic-uk.com/CultureUK/The-Pendle-Witches/

www.thehistorypress.co.uk/articles/the-pendle-witches/

www.lancastercastle.com/history-heritage/further-articles/the-pendle-witches/

La Mulata de Córdoba (Veracruz)

Desde el pueblo más pequeño hasta las grandes ciudades, todos los rincones de este mundo poseen misteriosas leyendas y, en muchas ocasiones, éstas tienen que ver con la brujería. De la misma manera, en las distintas culturas siempre ha aflorado el temor a lo desconocido, pero si existe una zona en este planeta en el que las leyendas más aterradoras han cobrado vida con el pasar de los siglos es Latinoamérica.

Cuando los españoles llegaron al continente descubrieron que allí existía una antigua tradición relacionada con la magia. Los nativos creían en una conexión espiritual con la naturaleza que iba más allá del mundo terrenal y, por ello, realizaban todo tipo de rituales para atraer la buena fortuna. Si tenían algún tipo de problema de salud, amoroso o emocional, todo parecía solucionarse con un ritual determinado: se quemaban inciensos, se realizaban oraciones y las personas encargadas de oficiar estos rituales eran veneradas y respetadas.

El uso de determinadas drogas también se consideraba sagrado y, a través del consumo de éstas, parecía que se podía establecer una conexión más íntima con los espíritus y las divinidades. Sin embargo, con la llegada de los religiosos españoles todo aquello que antes era socialmente aceptado se demonizó hasta el punto en que a quienes seguían manteniendo las viejas costumbres se les perseguía y condenaba a un juicio al que no sobrevivían.

Cualquier superstición, curación o ritual mágico que fuera llevado a cabo por nativos era considerado obra del Maligno y si alguien se negaba a adoptar la religión católica como propia era acusado de brujería y condenado a muerte. Según el artículo «Brujas e inquisidores en la América colonial» (1569-1820), escrito por Juan Blázquez Miguel para Espacio, Tiempo y Forma, Serie IV, Historia Moderna de la UNED, la Iglesia católica, en los años treinta del siglo XVII estableció dos importantes focos demoníacos en Nueva Granada; uno en Tolú y otro en Cartagena, lugares donde se comerciaba con esclavos negros. Estos esclavos tenían costumbres en las que empleaban bailes, ungüentos y pociones que ayudaban a cambiar el destino de las personas, algo muy similar a lo que ya estaban haciendo los nativos. Los inquisidores eran vistos como monstruos ante los ojos de los nativos. Eran terribles monstruos que buscaban condenar a personas inocentes en nombre de su Dios y, por causa de ello, todo aquel que practicara la brujería se veía obligado a hacerlo de forma secreta. Fue entonces cuando, según algunas hipótesis, comenzaron a surgir las leyendas sobre brujas en el Nuevo Mundo.

La tradición latinoamericana cree en la existencia de unas brujas que, pese a coincidir en ciertos puntos con la imagen que se tiene de ellas en Europa, son ligeramente distintas en otros. En el Viejo Mundo siempre se consideró a las brujas mujeres decrépitas, ancianas y horribles que dedicaban sus días con sus noches a venerar al Diablo. Eran mujeres generalmente viudas y solitarias que siempre estaban acompañadas por un «familiar», es decir, un ser que toma la forma de un animal y que las ayuda a realizar sus terribles fechorías.

Según el terrible libro *Malleus Maleficarum* también conocido como *Martillo de las brujas*, se podía identificar a una bruja de mil formas distintas: reconociendo en su cuerpo una mancha de nacimiento, si tenía lunares con formas extrañas, si era pelirroja, si no respetaba los días sagrados e incluso si tenía comportamientos que salían de lo socialmente establecido.

En dicho libro se dejaba muy claro que estas mujeres –y en muchos casos también hombres– se dedicaban a destruir las cosechas, maldecir a las personas y envenenar las aguas. Volaban por los cielos con la ayuda de sus escobas y hacían que los viajeros se perdieran en los caminos.

Eran seres malvados y, por lo tanto, la misión de los inquisidores fue darles caza y acabar con ellas.

Si tenemos este concepto en nuestras mentes daremos por hecho que en Latinoamérica se tenía una idea idéntica al concepto clásico de la brujería pero, por desgracia, cometeremos un terrible error pues para ellos las brujas eran algo más.

Las brujas, tras la llegada de los españoles, se convirtieron en seres temidos y respetados al mismo tiempo. Eran mujeres que, en efecto, veneraban al Maligno, pero no necesariamente tenían que ser ancianas solitarias sino que podía tratarse de cualquier mujer tanto bella como horrenda e incluso también podían ser animales pues, ante la mirada de los nativos, ellas tenían el poder de la metamorfosis. A través de sus pócimas eran capaces de convertirse en aves y surcar los cielos en busca de nuevas presas.

Un claro ejemplo sería la leyenda de las famosas brujas de Atlixco, en Puebla, Veracruz. Siglos atrás existía la creencia de que, cuando el sol se ponía, los habitantes debían esconderse en sus casas, pues las brujas salían de sus moradas y sobrevolaban los cielos en busca de nuevas víctimas.

Se decía que estas mujeres, al ver que la oscuridad comenzaba a adueñarse de las calles, se sentaban junto al fuego y se quitaban las piernas para cambiárselas por las patas de un pavo. A continuación, las puertas y ventanas de su morada se abrían de par en par y, tomando una escoba, alzaban el vuelo y recorrían los cielos con sus cánticos y risas atronadoras.

Las damas de las tinieblas solían reunirse en la plazuela de piedra que se encontraba en el cerro de San Miguel y desde allí se lanzaban al vacío para convertirse en intensas bolas de fuego, pero no os penséis que éste era el final de su recorrido pues su ritual nocturno tan sólo había comenzado. Una vez convertidas en esferas ardientes nada ni nadie podía detenerlas. Buscaban a bebés recién nacidos, a niños perdidos o a hombres ebrios que no pudieran encontrar el camino de vuelta a casa y, tras darles caza, o bien optaban por beber su sangre o por devorar sus carnes.

Son muchos los pueblos latinoamericanos que todavía hoy conservan leyendas como ésta en su memoria, pues estas brujas fueron temidas durante largo tiempo. La tradición empujó a muchas madres a buscar la forma de proteger a sus bebés recién nacidos y, en cuanto veían a través de las cortinas que el sol comenzaba a ponerse entre las montañas, se disponían a colocar gran cantidad de símbolos por todos los rincones.

Cerraban todas las puertas y ventanas, cruzaban tijeras, prendían velas junto a las imágenes de los santos, rezaban desesperadamente y ponían cruces en todas las esquinas para evitar que las brujas se colaran en sus casas y bebieran la sangre de sus recién nacidos. Se decía que las damas de las tinieblas eran hábiles y astutas y que, si eran capaces de sortear los obstáculos que las madres ponían, tomaban a las criaturas en brazos y bebían su sangre.

Siempre que una bruja se hacía con la sangre de un niño o bebía hasta arrebatarle la vida o lo hacía hasta dejarlo casi muerto y la fiebre se encargaba de consumir su alma lentamente. Pero no todas las brujas fueron siempre traicioneras y aterradoras, pues algunas leyendas han hablado de brujas que ayudaban a sus conciudadanos vendiendo sus pócimas y ungüentos y moldeando sus destinos para que tuvieran amor, salud y prosperidad.

Sin embargo, en este pequeño apartado quisiera presentaros una leyenda que me contaron años ha. No recuerdo exactamente el momento en que la escuché ni tampoco quién me la contó pero, pese a que los años han pasado, no puedo dejar de pensar en ella cada 31 de octubre. Cuando el cielo oscurece y nubes de tormenta amenazan con descargar toda su furia sobre las olas del mar, esta leyenda irremediablemente se cruza por mi mente.

Para conocer esta leyenda debemos remontarnos al año 1618 concretamente a la Villa de la Córdoba de los Caballeros, en Veracruz. Cuentan que allí vivía una dama hermosa de la que nadie sabía a penas nada. No sabían su nombre, dónde vivía ni quiénes eran sus padres pero, al parecer, poco o nada importaba eso. Era la mujer más bella que nadie había visto jamás.

Sus ojos resplandecían como el mismo sol y sus cabellos eran sedosos y largos. Teniendo en cuenta el color de su piel, todos sabían que por sus venas corría tanto sangre española como sangre negra y, por causa de ello, todos la apodaron «la Mulata de Córdoba».

La gente decía que era una mujer muy inteligente capaz de curar cualquier dolencia: pestes, fiebres, infecciones… Era una doctora increíble pero, al mismo tiempo, poseía poderes sobrenaturales que hacían que todos quedaras patidifusos. Era capaz de conjurar tormentas y predecir todo tipo de fenómenos meteorológicos. Durante largo tiempo todos la admiraron y respetaron pero, en cierto momento, alguien comenzó a hablar mal de ella.

Las damas de alta alcurnia se morían de celos cada vez que la Mulata de Córdoba pasaba junto a ellas. Era tan bella que destacaba por encima de las demás. Se movía con gracilidad, su voz era aterciopelada y en su rostro, pese al paso de los años, no se dibujaba la más mínima arruga.

Todos los caballeros se enamoraban de ella con sólo mirarla y aquello era un problema para el resto de mujeres. ¿Con quién se casarían si la mulata tenía a los hombres comiendo de su mano? ¿Con quién establecerían vínculos económicos los padres de las jóvenes solteras si todos los varones de buena posición hacían todo lo posible por llamar la atención de esa mujer? Aquello no podía seguir así. Alguien debía pararle los pies a la dama misteriosa.

No se sabe de cierto quién dio la voz de alarma pero alguien, o bien un hombre despechado o una mujer celosa de su belleza, se dirigió a alguno de los diligentes de la Santa Inquisición y denunció que la Mulata era una hechicera. Dijo que esta mujer era una terrible bruja que, mediante un pacto con el Diablo, se había hecho con la fuente de la eterna juventud y que, además embrujaba a los hombres con extraños brebajes. A partir de entonces los rumores se desataron.

«Cuentan que en realidad tiene más de 50 primaveras», murmurarían algunos. «Dicen que es el Diablo quien le enseñado todo lo que sabe», susurraban unos al oído de otros. «Es un demonio disfrazado de mujer», sentenciarían algunas jovencitas escondidas tras las cortinas de sus alcobas.

La Mulata no podría ignorar lo que la gente afirmaba a su alrededor. Sabía que todos comenzaban a sospechar de ella pero, justo antes de que pudiera plantearse el huir de Córdoba, varios soldados la apresaron y la llevaron contra su voluntad a la prisión de San Juan de Ulúa donde, tras ser sometida a un intenso interrogatorio, sería obligada a confesar ser una aliada del Maligno.

«¿Acaso era una auténtica bruja?», os preguntaréis. La respuesta a vuestra pregunta todavía no puede ser respondida, pues todo aquel hombre o mujer que era atrapado por la Santa Inquisición y obligado a confesar no lo hacía por gusto. Le arrancaban una confesión que bien podía ser cierta o falsa mediante las torturas más atroces que os podáis imaginar.

Había instrumentos creados únicamente para obtener confesiones. Máquinas tales como el aplasta pulgares, un aparato creado para aplastar los dedos tanto de los pies como de las manos. También existían castigos como el potro, que consistía en atar las manos del reo a una mesa y las piernas a una rueda que a medida que giraba iba tensando más y más las extremidades, o la garrucha, que consistía en atar sus manos a la espalda y levantarlo por encima del suelo. Eran castigos tan atroces que la víctima, con tal de evitar el dolor, confesaba todo lo que pedían y más.

No queda claro si la Mulata llegó a confesar alguna vez ser una auténtica bruja, pero este hecho no es de suma importancia en el presente relato. Lo importante de veras es lo que ocurrió una vez la sentenciaron a una muerte segura.

El juez hizo sonar su mazo sin permitirle apenas defenderse ante el jurado. Declaró públicamente que la dama era una bruja y su pena, dependiendo de la fuente consultada, fue una u otra. Algunos dicen que había sido condenada a morir en la horca y otras a ser pasto de las llamas pero todas aseguran que, antes de ser víctima de tan funesto destino, la Mulata fue enviada a pasar sus últimos días en una sombría celda.

Las horas pasaron y la mujer se entretuvo con todo lo que pudo. Cantó, tarareó, se peinó… pero, en cierto momento, decidió matar las horas dibujando en las paredes.

—¡Carcelero! –reclamaría ella agarrándose a los barrotes de su celda–. ¡Carcelero, necesito un favor!

—Dígame en qué puedo ayudarla –pronunciaría uno de los guardias caminando lentamente hacia ella.

—Necesito un pedacito de gis –el guardia, al escuchar estas palabras, se detendría *ipso facto*–. No se asuste, buen hombre. No voy a maldecir a nadie con él. Tan sólo me apetece dibujar.

El hombre dudaría unos instantes. No sabía si darle lo que pedía o ignorar su petición, pero entonces recordó que en apenas unas horas la dama sería enviada al cadalso, así que le pareció injusto no hacer realidad su último deseo.

—Quisiera ocupar mi mente con algo más positivo que mi lamentable destino. Supongo que estará de acuerdo conmigo.

El hombre asintió con la cabeza y se ausentó unos instantes para ir a buscar tan preciado material y, cuando lo hubo encontrado, regresó a los calabozos y le entregó un pedacito a la dama, quien lo aceptó con una amplia sonrisa.

Al instante, le dio la espalda a su fiel ayudante y se dispuso a trazar líneas en la húmeda pared que había al fondo de la celda. Su muñeca se movía con suma precisión y, en mitad de la oscuridad, comenzó a trazar algo que los guardias no supieron exactamente qué era. Fue así como llegó la mañana del día de su ejecución.

Al salir el sol el guardia se acercó a la celda de la dama y ésta, volteando ligeramente la cabeza para verle, habló.—Carcelero, respóndame a una pregunta –comenzaría ella, quizás dibujando una sonrisa torcida en su rostro–. ¿Qué crees que estoy dibujando?

Se haría el silencio en la prisión.

El hombre fruncirá el ceño y entornaría los ojos. Claramente aquel dibujo no estaba acabado y, con tan poca luz colándose por las diminutas ventanas y grietas que había en las paredes, resultaría complicado saber exactamente qué era aquello.

—Yo diría que el casco de un barco –respondería finalmente aquel hombre.

La mujer debió de sonreír ante aquellas palabras y, tras mostrar su blanca dentadura, tomó aire y prosiguió.

—¿Y qué le haría falta a este barco?

El silencio volvió a hacerse presente.

Era extraño que una mujer que en pocas horas moriría ante la atenta mirada de cientos de personas no mostrara atisbo alguno de miedo. Ella simplemente se entretenía dibujando barcos y olas en las paredes. ¿Sería aquella una forma de mantener la mente ocupada o habría un trasfondo más oscuro en aquel extraño juego?

—Quizás un mástil, señora –respondería el guardia.

—Correcto, buen hombre –afirmaría ella, agarrando fuertemente el gis y dándole la espalda al guardia para completar su dibujo–. Puede retirarse.

El hombre, una vez más, se ausentó.

Dejó pasar las horas y, preguntándose una y otra vez, qué tal iría aquel dibujo decidió volver a bajar a los calabozos. Extrañamente, en cuanto sus pies pisaron el pasillo que desembocaba en la celda de la Mulata, la voz de la mujer resonó por todas las paredes.

—Carcelero –pronunció ella, haciendo que el hombre se detuviera en seco–. No puedo terminar el dibujo. Necesito su ayuda.

El hombre retomó su camino y, con paso firme, llegó hasta la puerta de la celda. La Mulata había avanzado mucho en su dibujo y el barco estaba casi completado. Tenía tantos detalles que parecía la obra de un artista. Con simples trazos podías ver la calidad de la madera, el timón, los obenques e incluso distinguir todos los mástiles.

—A mi barco le falta algo, pero no sé exactamente el qué –proseguiría ella cruzándose de brazos y posando el dedo pulgar sobre su barbilla–. Siento que le falta algo para navegar por sí mismo, pero usted parece saber mucho más que yo sobre buques. Dígame, ¿qué necesita mi barco para surcar los mares?

—Las velas, señora –respondió él.

Era extraño que la mujer lo preguntara cuando, por la forma tan precisa en que lo había dibujado, estaba muy claro que conocía a la perfección cada rincón de los bajeles.

—Totalmente de acuerdo, carcelero. Gracias una vez más.

El guardia volvió a dejar sola a la bella dama y fueron pasando las horas pasar pero, cuando llegó el crepúsculo, supo que su tiempo había terminado. Él mismo sería el encargado de ir a recogerla, atar sus manos y acompañarla al cadalso, así que tragó saliva y emprendió una vez más el camino hacia la celda.

Sus pisadas resonaban por los húmedos pasillos y, aunque deseaba con todas sus fuerzas que la mujer fuera una auténtica bruja y lograra escapar sobrevolando los cielos, quizás montada en una escoba, la razón le decía que aquello no sería posible.

—Ha llegado la hora –sentenciaría el carcelero, frente a su celda.

La mujer se encontraba de espaldas a él, contemplando su magnífico dibujo. Era aún más impactante de lo que fue horas atrás. Parecía que las olas que chocaban contra la proa se movían de verdad y daba la impresión de que las velas se zarandeaban ligeramente con una cálida brisa veraniega.

—Carcelero, siento que mi barco le falta algo –susurró ella sin apenas darse la vuelta–. ¿Qué crees que le falta esta vez?

—Navegar, señora –respondió él sin pestañear.

—Una vez más estoy totalmente de acuerdo con usted –diría ella, cogiendo sus vestiduras y saltando en dirección al buque.

Por increíble que pueda parecer, se dice que la mujer se introdujo de lleno en aquel dibujo. También, que su retrato apareció dibujado en la proa de aquel magnífico navío y que las olas del mar y el viento imaginario arrastraron el buque por todas las paredes hasta, finalmente, hacerlo desaparecer al llegar a la diminuta ventana que alumbraba la sombría estancia.

Cuando llegó la hora y el verdugo se percató de que la bruja que iba a ejecutar no llegaba, varios soldados bajaron a los calabozos para ver qué ocurría. Y, una vez lo hicieron, se encontraron al guardia dentro de la celda de La mulata completamente fuera de sí. Era incapaz de decir nada coherente. Sus ojos miraban a todas partes pero a ninguna al mismo tiempo y sólo podía repetir una y otra vez las palabras: «En barco. Se ha ido en barco».

PARA SABER MÁS

www.abc.es/historia/abci-torturas-mas-sanguinarias-y-crueles-santa-inquisicion-201512040253_noticia.html

https://es.wikipedia.org/wiki/Malleus_maleficarum

https://creepypasta.fandom.com/es/wiki/La_Mulata_de_C%C3%B3rdoba

www.yosoypuebla.com/2017/02/leyendas-de-puebla-las-brujas-de-atlixco/

IV

OBJETOS MALDITOS

ROBERT

Cuando era niña adoraba ver películas con mis padres. Recuerdo que los sábados por la mañana íbamos al videoclub y elegíamos un par de películas para verlas esa misma tarde. Una la elegía yo y era la que veríamos a las cuatro, y la otra era la que verían ellos cuando me fuera a la cama.

La película que yo elegía normalmente era de dibujos animados y cabe decir que no variaba mucho; o bien elegía *La espada mágica: En busca de Camelot* o *Taron y el caldero mágico*. Sin embargo, mis padres cada sábado hacían todo lo posible por elegir películas que no hubieran visto.

Si aquella semana me tocaba pasarla con mi padre, sabía que él elegiría una película de terror pero si, por el contrario, me tocaba pasarla con mi madre, sabía que ella elegiría una película de acción o una comedia romántica.

Si la película era apta para todos los públicos, lo echábamos a suertes con una moneda; cara, primero veíamos mi película y después la suya, cruz, primero la mía y después la suya. Pero con mi padre no había juegos posibles pues sabía perfectamente que, por mucho que suplicara, no me permitiría ver su película.

A las cuatro de la tarde, nos sentábamos en el sofá y veíamos mi película y, al caer la noche, justo después de cenar, él me enviaba a la cama, se abría una lata de Coca-Cola y empezaba el espectáculo. Podía escuchar la tensa banda sonora desde mi cama, los gritos desesperados de las víctimas del monstruo e, incluso, la voz de éste pronunciando mentiras tales como «sólo quiero jugar» o «no te voy a hacer ningún daño».

No me gustaba escuchar aquello. Me aterraba imaginarme las escenas, así que agarraba fuertemente la almohada y la aplastaba contra mis oídos para amortiguar el sonido. Sin embargo, al cumplir los ocho años, mi curiosidad fue más fuerte e intenté levantarme de la cama y caminar por el pasillo hasta llegar a un punto desde el cual pudiera escuchar todo con mayor claridad. Fue entonces cuando descubrí una película que, durante semanas, se convertiría en la protagonista de mis peores pesadillas: *Chucky, el muñeco diabólico.*

El film tenía todas las características necesarias para que se convirtiera en uno de los favoritos de mi padre: asesinos en serie, muñecos malditos, vudú… Era esa clase de película que tanto parecían gustarle a él y, al mismo tiempo, tan poco me gustaban a mí. De hecho, estuve durante días sin poder jugar con mis muñecas temiendo que tuvieran vida propia pues, según *Toy Story,* aquello era posible y, según *Chucky, el muñeco diabólico,* además, podían ser malvadas.

Con el pasar de los años comprendí que todo aquello no eran más que historias ficticias. Sin embargo, durante mi adolescencia, un día mientras ojeaba una revista sobre ciencia ficción, descubrí que era más que probable que la película de terror que tanto me aterró en mi infancia hubiera estado basada en hechos reales. Concretamente en la historia de una familia oriunda de Key West, Florida.

La historia dio comienzo en el año 1896, en el 534 de la calle Eaton. En aquella dirección se alzaba una preciosa casa victoriana que parecía salida de un cuento. En dicha residencia vivía una de las familias más respetadas de la ciudad, el matrimonio Otto y su único hijo, Robert Eugene.

Según dicen, los Otto formaban una familia modelo. Eran agradables y atentos con sus invitados y, si alguien tenía algún tipo de problema financiero, no dudaban en prestarle dinero o darle sus mejores consejos. Su nivel adquisitivo era el propio de todas las familias del barrio y así se hacía notar por su educación, su buen gusto y su estilo de vida.

Sin embargo, como todo en la vida, los Otto tenían un lado oscuro y es que, según cuentan, la forma de tratar a sus invitados era totalmente opuesta al modo en que trataban a la servidumbre que trabajaba para ellos. Sus empleados eran oriundos de las Bahamas y, ante sus ojos, su forma de vida era pecaminosa. Su color de piel los hacía inferiores a ellos y sus creencias los convertían en adoradores del Diablo.

Se dice que, en más de una ocasión, los invitados de los Otto tuvieron que presenciar las vejaciones a las que el matrimonio sometía a su servicio: desde desprecios hasta agresiones verbales y físicas. Cualquier error, por pequeño que fuera, era considerado motivo más que suficiente para despedir a alguien. Aunque lo cierto es que, en aquellos tiempos, la actitud de la familia no era tan mal vista como podría serlo ahora. Y hasta la llegada del movimiento por los derechos civiles, entre los años 1954 y 1968, estas situaciones no desaparecerían.

Sin embargo, volviendo a la historia de terror de la familia Otto, en 1906 aconteció el evento que marcaría un antes y un después en sus vidas. Una mañana, mientras la señora realizaba sus quehaceres en la planta superior de la vivienda, creyó escuchar un extraño sonido. Parecían cánticos religiosos entonados por varias mujeres, así que se asomó ligeramente a una de las ventanas que daban al jardín posterior. A simple vista no vio nada extraño pero, tras mirar detenidamente en cada rincón, se percató de que cuatro de sus sirvientas entonaban una canción desconocida mientras bailaban en círculo.

«¿Qué diablos es esto?», debió de preguntarse. «¿En qué idioma están cantando? ¿Qué ocurrirá si los vecinos escuchan esto? ¡Es vergonzoso!».

La mujer, visiblemente alterada, bajó las escaleras tan rápido como le fue posible y atravesó la planta inferior hasta llegar a la puerta de acceso al jardín trasero. Estaba nerviosa, disgustada y se sentía terriblemente insultada. Por ello, en cuanto se detuvo ante las cuatro bailarinas, fue incapaz de contener su ira y vociferó con todas sus fuerzas. Las quería fuera de su propiedad. No importaba cuánto tiempo hubieran sido fieles a ella, si habían cumplido bien con sus labores en los últimos años o si eran buenas cocineras. Lo único que le importaba era lo que podrían llegar a pensar los vecinos.

Tres de aquellas mujeres simplemente agacharon la cabeza y abandonaron la propiedad, pero la cuarta se negó a hacerlo. Tenía una boca que alimentar y no podía permitirse perder su empleo. Se dice que suplicó todo lo que le fue posible, que se arrodilló sobre el húmedo césped y que incluso llegó a besar los pies de la señora, pero ésta había tomado una decisión y nada ni nadie la iba a hacer cambiar de parecer.

Una semana después de aquel triste evento, alguien llamó a la puerta de la casa. La señora ya no confiaba en ninguno de los miembros del servicio, así que decidió recibir al nuevo invitado ella misma. Para su sorpresa aquélla no era una visita normal y corriente, sino la de la cuarta sirvienta que había despedido días atrás.

—No cierre, por favor —diría ella al ver que la señora Otto pretendía dejarla en la calle—. No quisiera importunarla. Tan sólo venía a entregarle un regalo.

—¿Un regalo? —preguntaría ella, levantando ligeramente una ceja—. ¿Por qué?

—Mi labor principal, hasta hace apenas siete días, fue cuidar de su angelito. No quisiera marcharme sin darle un último regalo.

La mujer alargó los brazos y, en son de paz, le ofreció un juguete muy especial. Se trataba de un muñeco de trapo de unos 90 centímetros de altura. Con sus ojos de botón, su cabello claramente humano y un traje de marinero que quizás era la prenda más bonita que la señora Otto hubiera visto jamás.

—Es una pieza única, mi señora —continuaría la mujer—. Ha sido hecho a mano y con mucho cariño para el pequeño Eugene. Es mi despedida.

En este punto esperaríamos que la señora Otto abriera la puerta de par en par, dejando pasar a la antigua sirvienta para que ella misma se lo entregara a su hijo e incluso que disculpara su falta y volviera a contratarla. Por desgracia, no ocurrió nada de eso.

Arrancó el muñeco de sus manos sin mediar palabra y, a continuación, cerró la puerta tras de sí. Por su mente debieron de pasar mil cosas distintas al mismo tiempo: deshacerse de aquel regalo, quemarlo, fingir que no sabía nada del tema… Pero juguetes como aquél sólo podían permitírselos personas de alta alcurnia y, por lo tanto, si la gente veía a su hijo con él, sería un claro indicativo de que el apellido Otto estaba muy por encima de los demás.

Subió las escaleras que conducían a la segunda planta de la residencia. Caminó con decisión y la cabeza bien alta y, en cuanto llegó a la puerta del cuarto de su hijo, dibujó una amplia sonrisa y giró el pomo.

Nadie sabe con exactitud cuáles fueron las palabras que eligió para entregarle aquel muñeco a su pequeño, pero podemos imaginar que ni siquiera mencionó a su anterior dueña.

El pequeño Eugene se enamoró al instante del muñeco. Era muy distinto al resto de sus juguetes, así que decidió convertirlo en su nuevo amigo. «Si va a ser mi amigo deberá tener nombre propio», debió de pensar. Estrujaría su mente un buen rato intentando idear el nombre perfecto. «¿Harold? ¿Gypsy? No, el mejor nombre que puedo darle es el mío, Robert».

El hijo de los Otto era conocido por todos como Eugene, pero su nombre completo era Robert Eugene. Por ello pensó que, al no utilizar el primero, sería un bonito gesto entregárselo a su nuevo amigo.

A partir de entonces, ambos se hicieron inseparables. Dormían juntos, se bañaban juntos e incluso comían juntos. El servicio de la casa ponía un asiento y un plato adicional en la mesa para que aquel muñeco «comiera» junto a Eugene. Esto último podría sonar extraño, pero lo que vino a continuación aún lo sería más.

El pequeño Eugene, una vez se iba a dormir, cogía a su amigo entre los brazos, lo sentaba en la silla que había junto a la ventana de su cuarto y se metía en la cama a esperar el beso de buenas noches de sus padres. Tras ello, cuando éstos apagaban la luz, comenzaban los susurros.

El niño susurraba hasta caer dormido y todos pensaban que seguía jugando con su muñeco. Por desgracia, los días y las semanas pasaron y aquellos susurros se volvieron más y más insistentes. Ya no eran susurros que terminasen en risas o que tuvieran un tono divertido y, por supuesto, ya no eran susurros que no obtuvieran respuesta.

Los señores Otto se dieron cuenta de que las palabras de su hijo parecían tener respuesta. Era como si, en la oscuridad, su hijo estuviera hablando con alguien pero, cuando abrían la puerta y lo revisaban todo, no veían a nadie junto a él.

—¿Con quién hablabas? –le preguntarían.

—Con Robert –respondería el pequeño, con los ojos abiertos como platos.

Los Otto no podían creérselo. Era un muñeco de trapo no una persona de carne y hueso y, por lo tanto, no tenía vida propia. Sin embargo, decidieron escuchar detrás de las puerta y llegaron a creer que su hijo mantenía conversaciones sobre temas que a un niño de 6 años ni siquiera deberían importarle: la vida y la muerte, el valor de la existencia humana, el paso del tiempo…

Al principio, con abrir la puerta de par en par, las conversaciones cesaban pero, con el pasar de las semanas, abrir la puerta se convertiría en todo un reto. Había noches en las que, al abrirla, los Otto se encontraban todo el cuarto patas arriba: juguetes rotos, cojines destripados, muebles tirados por el suelo… El dormitorio de su pequeño parecía el escenario de una guerra invisible. Pero lo peor de todo venía cuando preguntaban a Eugene qué era lo que había sucedido ya que él siempre respondía lo mismo.

Levantaba el brazo y lentamente apuntaba hacia la silla que había junto a la ventana.

—Ha sido él. Ha sido Robert.

Pronto los destrozos saldrían de la habitación del pequeño y comenzarían a sucederse por toda la casa. Las noches en las que el matrimonio Otto salía a cenar fuera sin la compañía de su hijo, al regresar, encontraban todo patas arriba. Ninguno de los miembros del servicio podía explicar aquello. Nadie sabía cómo era posible que las habitaciones de las que acababan de salir, de pronto, estuvieran completamente destrozadas.

Muebles volcados, cojines destripados, exquisitas cerámicas hechas trizas… Nunca nadie había visto o escuchado nada mientras los destrozos se producían, y lo más siniestro de todo es que el pequeño Eugene siempre señalaba a su muñeco como el causante de éstos.

Una noche, sin previo aviso, el pequeño Eugene despertó a todos con sus gritos. Rápidamente, los señores Otto saltaron de la cama e irrumpieron en su cuarto para ver qué ocurría. Fue entonces cuando se encontraron a su pequeño acurrucado a un lado de la cama, totalmente aterrorizado, mientras que la silla en la que Robert estaba sentado se balanceaba lentamente.

Aquello se repitió durante varias noches. Y, sin embargo, de día, Eugene era incapaz de separarse de su amigo de trapo. Seguían haciendo todo juntos y llevando a cabo su rutina habitual pero, al caer la noche, el niño tenía extremo pavor a aquel muñeco.

Y cabe decir que no sólo él le tenía miedo sino también la familia y el servicio. Todos aseguraban que, por las noches, escuchaban el corretear de unos pasos infantiles que subían y bajaban las escaleras, risas, susurros e incluso presencias que invadían la propiedad. Al principio creyeron que aquello podía ser fruto de la sugestión o que quizás se estaban empezando a imaginar cosas que no eran reales. Pero, entonces, aparecieron las huellas. Huellas de pies diminutos que recorrían todas las estancias y acababan su recorrido junto a la silla sobre la que descansaba el muñeco de trapo.

Algunas versiones de esta historia apuntan a que varios miembros del servicio dejaron su empleo por miedo a lo que estaba ocurriendo; otras señalan que resistieron hasta que descubrieron que también los vecinos percibían cosas extrañas. Algunas de las personas que vivían en las casas aledañas a la de los Otto comenzaron a hacer confesiones espeluznantes.

—Cuando no están, hay algo que se mueve a través de las cortinas –afirmaría un vecino con total seguridad–. Es algo pequeño. Demasiado pequeño para ser un niño y demasiado tosco para ser un animal. Es como un muñeco de trapo.

—Desde el cuarto de mi hija se ve perfectamente el cuarto de Eugene –diría otro–. Les aseguro que ese muñeco cambia de expresión. Mi hija lo ha visto. Yo lo he visto. Hace muecas cuando los transeúntes pasan por delante de la casa. Tiene vida propia y es aterrador.

Al escuchar esta última confesión, el matrimonio Otto lo tuvo muy claro: debían deshacerse del muñeco lo antes posible. Por ello, ese mismo día, se sentaron a la mesa con su hijo e intentaron razonar con él, pero Eugene no atendía a razones.

Decía que Robert era su mejor amigo y que nada ni nadie podría romper su amistad. Se habían prometido mutuamente permanecer el uno al lado del otro y que, por ese motivo, no podía deshacerse de él. Así que los Otto decidieron esperar. Si obligaban al niño a abandonar

153

al muñeco quizás el gesto provocaría una reacción negativa en la criatura, así que optaron por que fuera él quien tomase la decisión.

Pero, a diferencia de lo que podrían haber pensado, no tuvieron que esperar mucho para que el pequeño se decidiera, pues esa misma noche regresaron los terrores nocturnos.

Bien entrada la madrugada, cuando las calles se encontraban en completo silencio y el sol todavía no había empezado a abrirse paso entre las nubes, el pequeño Eugene comenzó a gritar. Eran gritos desgarradores, gritos que reflejaban puro terror. El matrimonio Otto saltó de la cama y corrió hacia el cuarto de su hijo y, nada más abrir la puerta, se encontraron con una de las escenas más terribles que habían visto en los últimos meses: muñecos destripados, muebles volcados y su contenido desparramado por el suelo, la colcha arañada, los cojines rajados y su hijo, encogido en una esquina de la cama y temblando como si no hubiera un mañana.

—¿Qué ha pasado, Eugene? –demandaría su padre.

—Robert... –respondería él con voz temblorosa–. Ha sido Robert.

El señor Otto miró hacia la ventana y allí debía de estar él, balanceándose sobre la mecedora en la que descansaba todas las noches. Estaban hartos de aquella situación, hartos de que su hijo fuera víctima de un extraño hechizo que no le permitía soltar a aquel muñeco, así que el hombre lo agarró con fuerza y subió con él hasta el ático, donde lo encerró bajo llave en un baúl con la esperanza de no volver a verlo nunca más.

Los años pasaron y, con éstos, Eugene se convirtió en un adulto. La vida parecía haberle sonreído, pues no sólo se había convertido en un artista plástico bastante conocido en Estados Unidos, sino que también se había casado con una mujer llamada Ann.

De su historia de amor poco o nada sabemos. No queda claro cuándo o dónde se casaron y tampoco dónde residieron durante los primeros años de matrimonio, pero lo que sí sabemos es que, tras la muerte de los padres de Eugene la pareja se mudó a la residencia donde éste había pasado su infancia.

Se dice que Eugene tenía vagos recuerdos de lo que una vez pasó. Recordaba de forma fragmentaria los gritos, su cuarto destrozado y la mecedora moviéndose lentamente con el muñeco de trapo sentado en ella… Pero decidió que había llegado el momento de enfrentarse a sus miedos de la infancia.

Se cuenta también que, en un principio, no quiso aceptar la herencia. Que aquella casa ubicada en el 534 de la calle Eaton le causaba tantas pesadillas, que se sentía incapaz de volver a pisarla. Sin embargo, prevaleció su deseo de enfrentarse a Robert. Eugene quería pasar página de una vez por todas, así que finalmente decidió aceptarla y regresar.

Nada más pisar aquella casa, Eugene y su esposa subieron al desván y abrieron juntos el viejo baúl para coger a Robert en brazos y sentarlo sobre una polvorienta silla.

—¿Me recuerdas? –preguntaría Eugene casi en un susurro. El muñeco le miraría fijamente con sus ojos de botón negros y ni tan siquiera se inmutaría–. He vuelto.

Cuentan que Ann no quiso saber nada de aquel muñeco desde el primer instante. Había algo en él que le erizaba la piel y le pidió a su marido en varias ocasiones que volviera a encerrarlo en el baúl, pero éste no quiso escuchar. En lugar de enfrentarse a él, Eugene quería reconciliarse con Robert, así que decidió darle su propia habitación, la que antaño le perteneció a él.

Lo bajó a la segunda planta, la de los dormitorios, y lo sentó en una mecedora junto a la ventana como si nunca se hubiera movido de allí. A partir de ese momento, la pesadilla regresó a su vida.

Siempre que lo colocaban en algún lugar en concreto, al regresar, Robert ya no estaba allí. Lo buscaban por toda la casa y al final aparecía en un rincón completamente distinto. Pasaba de estar sentado en una silla a estar acostado encima de la cama y, por las noches, ruidos extraños comenzaron a hacer acto de presencia en aquella casa. Pasos correteando por los pasillos, risas infantiles, susurros incomprensibles y un aura extraña invadían al completo la propiedad.

Por ello Ann, un buen día, a espaldas de su marido, decidió llevar al muñeco al ático. Lo cogió, lo dejó justo en la entrada de éste y hurgó en sus bolsillos en busca de la llave. Por desgracia, no la llevaba encima, así que dejó el muñeco en el suelo, se fue a buscarlas y, al regresar, Robert ya no estaba allí. Lo buscó por todas partes y finalmente lo encontró en la habitación que Eugene le había asignado: balanceándose lentamente sobre la mecedora que había junto a la ventana.

Otra cosa muy extraña que le sucedía al muñeco es que siempre tenía los pies llenos de polvo. No importaba que se los limpiaran con un paño húmedo, él siempre amanecía con sus diminutos pies cubiertos de suciedad.

Fue entonces cuando los vecinos comenzaron a hablar. Decían que el muñeco se asomaba a las ventanas y ponía caras burlonas a todo aquel que pasaba por delante de la residencia. Comentaban que corría de habitación en habitación, que trepaba por encima de los muebles y que lo mejor que podían hacer era deshacerse de él.

—No –sentenciaría Eugene–. No voy a volver a encerrarlo. Él fue mi único amigo durante mi infancia y merece libertad.

Una y otra vez Ann le suplicó a Eugene que se deshicieran del muñeco. Que lo quemaran o, en el caso de que no quisiera tomar una medida tan drástica, lo volvieran a encerrar. Pero Eugene se negaba a ello.

No fue hasta 1974, cuando Eugene Otto falleció, que Ann pudo coger el muñeco, subir al ático y encerrarlo en el viejo y polvoriento baúl del que lo sacaron.

Sin embargo, la truculenta historia de Robert no termina con la familia Otto.

Tras la muerte de Ann, la casa volvió a ponerse a la venta. Era una casa tan hermosa, resplandeciente y luminosa que parecía sacada de un cuento. Su ubicación era inmejorable, el vecindario, muy tranquilo y tenía unas vistas increíbles. Por todo ello, no fue difícil que encontrase nuevos compradores.

Una familia de tres miembros se interesó de inmediato por la propiedad, hizo una oferta y, a las pocas semanas, inició la mudanza. Se trataba de un matrimonio joven, padres de una niña de 10 años a la que le apasionaba coleccionar muñecas. Las tenía de todos los colores y hechas de todos los materiales que os podáis imaginar. Eran de trapo, de porcelana, con largos y rizados cabellos rubios, de ojos verdes, negros e incluso de color esmeralda, así que supongo que no os costará imaginar su reacción cuando su padre encontró un precioso muñeco de trapo escondido en un baúl.

La pequeña no tenía muñecas vestidas de marinero y, según cuentan, ninguna cuyos ojos estuvieran hechos con botones, por ello sintió una conexión instantánea con aquella nueva adquisición. No sabemos cuál fue el nombre que decidió ponerle a su nuevo amigo, pero lo que sí sabemos es que se hicieron inseparables.

No obstante, de nuevo, desde que encontraron a aquel muñeco cosas extrañas comenzaron a ocurrir. Todas las muñecas de la niña –todas, a excepción de Robert– se tornaron frágiles. Las caras de las que estaban hechas de porcelana comenzaron a agrietarse y a tornarse amarillentas, aparecían manchas en sus diminutos cuerpecitos y su cabello se caía a puñados. Por las noches, la niña las acomodaba sobre las estanterías y, al amanecer, algunas aparecían mutiladas o con las ropas hechas jirones. Era como si algo o alguien aprovechara la oscuridad para desmembrarlas.

Los ruidos extraños se hicieron perceptibles cuando caía el sol. Se escuchaban pasos correteando por la casa, subiendo y bajando las escaleras, risas infantiles, susurros, las puertas se abrían y cerraban solas... Y, de la noche a la mañana, los vecinos empezaron a decirle a la familia que, a través de las cortinas, podían ver algo muy extraño recorriendo las habitaciones. No sabían exactamente qué era, pero de lo que sí estaban seguros era de que esa cosa saludaba a todos los niños que pasaban por delante de la casa.

Fue entonces cuando el matrimonio comenzó a asustarse de verdad. No quisieron pensar que hubiera algo extraño en el nuevo amigo de su hija, no obstante resultó inevitable pensar que «quizás el muñeco estaba encerrado en un baúl por algún motivo».

Sin embargo, como cabría de esperar, la familia no adoptó medidas contra Robert hasta que fueron víctimas de un terrible evento. Un buen día, tras la salida del sol, el padre se levantó de la cama y se preparó para sacar al perro. Era un labrador joven y muy activo así que debían hacer deporte con él para que no destrozara la casa. Sin embargo, tras prepararse y coger la correa, el animal no apareció. Lo buscó por toda la casa, silbó en varias ocasiones y lo llamó por su nombre, pero no aparecía. Por ello, despertó a su esposa y a su hija y los tres salieron a la calle a buscarlo.

Preguntaron a los vecinos, a los transeúntes, recorrieron todas las calles e incluso fueron a la perrera municipal para ver si alguien lo había encontrado y llevado allí, pero, por desgracia, no hubo forma de encontrarlo.

La familia estaba desesperada. Amaban con locura a aquel animal y no comprendían cómo era posible que hubiera desaparecido. Pero, para su sorpresa, en cuanto regresaron a casa allí estaba su mascota, pero no de la forma en que ellos habrían imaginado.

Alguien se había tomado la molestia de atarlo con cables al sofá con tal fuerza que a la familia le resultó muy complicado desatarlo. Fue en ese punto cuando supieron que algo muy extraño estaba ocurriendo en la casa.

Esa misma noche, los gritos de la niña despertaron a sus padres. Rápidamente el matrimonio saltó de la cama y, nada más entrar en su habitación, se encontraron con una escena propia del cine de terror. La pequeña estaba encogida en una esquina de la cama y el suelo de su cuarto, totalmente cubierto por sus muñecas. Muñecas desmembradas, agrietadas y manchadas. Sólo una de ellas parecía intacta y esta era, ni más ni menos, que la que encontraron encerrada en un baúl: Robert.

Robert yacía sentado en una silla ubicada junto a la ventana y, cuando el matrimonio le preguntó a la niña qué había sucedido, ella tan sólo levantó el brazo y señaló hacia aquella dirección.

—Él –murmuraría entre sollozos–. Ha sido él.

Fue entonces cuando la historia volvió a repetirse. El padre agarró al muñeco, lo llevó al desván y lo volvió a encerrar bajo llave en el interior del polvoriento baúl.

Los años pasaron y aquella niña se hizo mayor pero, a diferencia de Robert Eugene Otto, no quiso reconciliarse con el muñeco. La casa Otto hoy en día es conocida bajo el nombre de «La Casa del Artista» y es un hotel de 3 estrellas y 7 habitaciones muy bien considerado en la zona. En cuanto al terrorífico Robert, fue donado al museo Fort East *Martello* de Key West, Florida, donde se convirtió en una muy popular atracción turística.

Al principio no lo tenían dentro de ninguna vitrina pero pronto se dieron cuenta de que aquélla no era una buena idea. Cada mañana el muñeco amanecía con los pies llenos de polvo como si, durante la noche, él solo hubiera recorrido todos los pasillos del museo. Por ello, decidieron encerrarlo en una vitrina y, una vez más, cada mañana se encontraban algo distinto. Y es que, siempre que iban a su sección a revisar que todo estuviera bien, se lo encontraban sentado en una postura distinta. Un día tenía la cabeza ligeramente inclinada hacia la derecha, otro hacia la izquierda y, al siguiente, con las piernas cruzadas de un modo distinto.

Pronto Robert se cansaría de esos juegos y optaría por dar un paso más que consistió en maldecir a todo aquel que se tomara una fotografía con él sin pedirle permiso. Se dice que, cuando los turistas intentan robarle posados, las capturas salen borrosas. Es entonces cuando uno se da cuenta de que la maldición ha caído sobre él.

Al no pedirle permiso, Robert no acepta que le tomen imágenes y, cuando regresas a casa, corres el riesgo de que te ocurran cosas espantosas. Una prueba de ello son las decenas de cartas que, hasta hace poco, adornaban la pared que se encontraba a espaldas de la vitrina del muñeco. Cartas de personas que le fotografiaron sin su consentimiento y tuvieron que pagar las consecuencias.

Pero, por supuesto, ahora es vuestro turno. ¿Os atreveríais a visitar el museo y retar a Robert o, por el contrario, ni siquiera seríais capaces de sacar la cámara de fotos ante su presencia?

PARA SABER MÁS

https://lahoramuertaempieza.com/la-maldicion-de-robert-el-muneco-la-verdadera-historia/

www.greatsmallhotels.com/es/florida-hoteles-boutique/the-artist-house

www.guioteca.com/fenomenos-paranormales/la-aterradora-historia-de-robert-el-muneco-diabolico-que-inspiro-la-pelicula-de-chucky/

https://creepypasta.fandom.com/es/wiki/Robert,_el_mu%C3%B1eco_maldito

LA CAJA DYBBUK

Una de las características que definen Internet y que han transformado el mundo es que, navegando por la red, se puede encontrar prácticamente cualquier cosa. Gracias a él, amistades que tiempo atrás perdieron el contacto han podido reencontrarse o, chicas que publicaban algunos de sus selfis ahora están desfilando en una pasarela con diseños de Victoria's Secret.

Además de encontrar las más diversas cosas, las que nos parezcan a priori más descabelladas, también podemos conseguirlas. Desde pergaminos antiguos, hasta pedacitos de algunos de los monumentos más famosos y antiguos del planeta se ofertan en la web. No importa que la venta de dichos productos sea ilegal, pues parece que las leyes sólo se aplican parcialmente en el mundo cibernético. Si buscas algo y en el mundo real no hay forma alguna de conseguirlo, en Internet probablemente se encuentre la respuesta a tus anhelos.

Hace algunos años, se puso muy de moda comprar por eBay supuestas muñecas malditas. Prácticamente todos los *youtubers* de habla inglesa que se dedicaban al misterio pujaban por alguna de estas piezas en el portal de venta online. Sin ir más lejos, Loey Lane, una creadora de contenido online que sobrepasa los 2 millones de suscriptores, no sólo realizó tops hablando sobre las muñecas más embrujadas vendidas por eBay, sino que además compró la suya propia y le dedicó varios especiales en su canal.

Muchos experimentaban con ellas y las sometían a todo tipo de pruebas para averiguar ante la cámara si realmente estaban embrujadas y otros, sencillamente, las compraban para experimentar lo que era dormir junto a un presunto objeto maldito. Ya fuese porque sabía de la demanda o porque deseaba deshacerse de él a toda costa, un hombre absolutamente aterrado decidió poner a la venta en eBay un objeto que le estaba causando terribles males, que había traído a su vida la enfermedad, la desgracia y las peores pesadillas que os podáis imaginar: la Caja Dybbuk.

Esta historia dio comienzo una mañana de septiembre de 2001 cuando, un hombre, a quien llamaremos John —en algunas fuentes es referido con el nombre de Kevin Mannis—, decidió dirigirse a una venta de garaje en Portland, Oregón. John era pintor y restaurador de antigüedades y sabía perfectamente que algunas de las joyas más maravillosas se vendían justo en esa clase de puestos de venta. Todo buen coleccionista sabe que la gran mayoría de familias, por lo general, no conocen el verdadero valor de los objetos que tienen en sus casas. Mientras para algunos un simple videojuego de los noventa con el que han pasado tantos buenos ratos sólo debe valer cinco euros, para otros vale cientos de euros.

Por ello, John decidió sumergirse de lleno en las antiguallas que una familia cualquiera podría ofrecerle. Él buscaba objetos especiales tales como libros de tapas desgastadas, muebles clásicos, máquinas de coser de los años veinte o incluso alguna plancha de hierro colado de los años veinte o treinta. Sin embargo, nada más llegar a la casa que realizaba la venta al público, se dio cuenta de que allí probablemente encontraría algo de valor superior.

La venta estaba organizada por los descendientes de una anciana llamada Edith, que había fallecido a la edad de 103 años. La historia de esta mujer parecía ser muy especial ya que, durante la Segunda Guerra Mundial, emigró desde Europa a Estados Unidos huyendo de la barbarie nazi. Partiendo de esa base, probablemente John pensó que podría obtener algún objeto de aquel período histórico tristemente famoso.

Objetos antiguos que pudieran ser apreciados por coleccionistas o historiadores.

Entre todos los trastos y cachivaches que la familia de la difunta había colocado frente a su garaje, hubo algunos que captaron su atención de forma especial: un viejo baúl y una caja de costura. Contento con su compra, John se dirigió a uno de los vendedores dispuesto a pagar el precio exacto que pedía por ellos. Por suerte o por desgracia, antes de llegar hasta él se percató de la presencia de un artilugio aún más llamativo que los que portaba entre sus brazos: una pequeña caja para guardar botellas de vino hecha a mano.

Aquella pieza estaba en muy mal estado, pero John sabía perfectamente que podía sacarle mucho partido. Sabía que, bien restaurada, podría pedir una buena suma de dinero por ella.

—¿Cuánto cuesta? –preguntaría John a uno de los vendedores.

Éste miraría el objeto y, tras fruncir el ceño, negaría con la cabeza.

—No está a la venta, caballero –sentenciaría–. Le puedo vender el baúl y la caja de costura, pero esto no. No se lo recomiendo.

—Insisto. ¿Cuánto piden por ella?

El hombre, quien seguía negando con la cabeza, llamó a su mujer para que intentase persuadir a John, pero ésta tampoco lo consiguió así que, finalmente, accedieron a venderle aquel peculiar objeto.

—Antes de que se vaya debo advertirle sobre algo –diría la mujer–. Esa caja no debe ser abierta bajo ningún concepto. Puedo entender que sienta curiosidad por ella, pero lleva sin ser abierta muchísimos años y debe permanecer así por la eternidad.

—Disculpe mi atrevimiento, señora, pero –preguntaría John, lleno de curiosidad por las palabras de la vendedora–. ¿Por qué motivo no puedo abrirla? Ya he pagado por ella.

—Porque en su interior se esconden horrores que jamás comprendería.

Acto seguido, la mujer le habló de las pesadillas que debía contener aquella pequeña caja para botellas de vino. Se identificó como la nieta de Edith, la anciana que acababa de fallecer, y le contó todo lo que ésta llegó a sufrir.

Edith era oriunda de Polonia y, durante la Segunda Guerra Mundial, ella y su familia fueron enviados a campos de concentración debido a sus orígenes. Allí los trabajos forzados, las humillaciones y los constantes malos tratos se convirtieron en su día a día y, poco a poco, muchos de ellos fueron sucumbiendo.

Edith tuvo que sufrir la perdida de sus padres, marido e hijos, sin poder hacer nada por ellos. Deseó morir, pero la vida tenía pensado algo muy distinto para ella y es que, en 1944, cuando los soviéticos comenzaron a liberar campos de concentración, tuvo la suerte de poder recuperar la vida que antaño tuvo.

Edith sabía perfectamente que, pese a ser libre, no podía quedarse en Polonia así que decidió ir a España hasta que la guerra llegara a su fin. Cuando esto sucedió, viajó a Estados Unidos y acabó allí sus días.

—Cuando llegó aquí llevaba esta caja consigo —afirmaría la mujer, señalando el objeto que John portaba entre todas sus compras—. Hablar sobre ella estaba prohibido. De hecho, siempre que le preguntaba a la abuela por la caja, juntaba los dedos y escupía tres veces sobre ellos para después decirme que jamás la abriera.

—¿Y eso por qué? —insistiría John.

—Porque en su interior se ocultaban un dybbuk y un keselim —el silencio se haría palpable entre los dos. Un silencio incómodo que únicamente se rompería con las palabras de la mujer—. Mi abuela quería ser enterrada junto a la caja para evitar así que nadie la abriera jamás, pero la tradición ortodoxa no lo permitió.

—Si esta caja es tan importante para su familia se la puedo devolver —diría John acercándosela a la mujer.

—¡Un trato es un trato! —exclamaría ella—. Usted ha pagado por la caja y ahora debe llevársela, pero tenga claro que no es una simple caja y, una vez se la lleve de aquí, no debe volver a traerla jamás. Usted no ha estado aquí y no volverá a estar aquí. ¿Lo ha entendido?

John asentiría lentamente con la cabeza y, sintiendo una mezcla de temor y curiosidad, se dirigiría hacia su furgoneta para emprender el regreso a su tienda. Él no creía en fantasmas, para él los objetos no contenían maldiciones o malos presagios, tan sólo la magia que los artistas que los habían creado habían plasmado en ellos.

A través de la talla de un objeto, él podía conocer una parte del alma del ebanista y lo mismo sucedía con las pinceladas de color que podían verse en las pinturas abstractas pero, aparte de eso, nada más. En todos los años que llevaba trabajando en la restauración y venta de objetos, jamás se había encontrado con alguno sobre el cual pesara ningún tipo de maldición. Supongo que por ello nunca se paró a pensar que, quizás, algo así podría ser real.

Su tienda se ubicaba en el centro de la ciudad. Era un local pequeño, pero disponía de un sótano el doble de grande que la planta principal. De hecho, era tan amplio que le permitía poder distribuir los productos en distintas secciones tales como: mobiliario, escultura o pintura. Organizarlo todo, en manos de una sola persona, habría sido un reto casi imposible, por ello John contaba con el apoyo de un ayudante: una joven de 20 años a quien había contratado poco antes de acudir a la venta de garaje en Portland.

Estaba muy emocionado en aquellos momentos. Se moría de ganas de revisar todos los objetos que había adquirido en aquel mercado pero especialmente uno en particular y éste era la caja para botellas de vino, así que, tal y como llegó al sótano, se sentó en su rincón de trabajo y se dispuso a abrirla.

Exteriormente parecía un objeto único. En la parte frontal tenía dos puertas decoradas y un cajón y, en la posterior, unas palabras grabadas en hebreo. En primera instancia, John no supo descifrar lo que significaban, pero ahora sabemos que se trataba del *Shemá*, una de las principales plegarias de la religión judía: «Shemá Israel, Adonai Elohéinu, Adonai Ejad» que traducido del hebreo significa: «¡Escucha, Israel! El Señor es nuestro Dios, el Señor es Uno».

Era una pieza tan especial que, en cuanto tuvo el tiempo de contemplarla más detenidamente, supo que no quería venderla. No quería que una pieza así se perdiera en el tiempo, así que pensó en regalársela a la su madre por su cumpleaños. Pero antes de entregársela, decidió que la abriría.

En primera instancia, John intentó abrir el diminuto cajón, pero un pequeño candado de bronce, colocado en la parte superior de las puertas, le impedía hacerlo, así que cogió un clip e intentó abrirlo, pero le resultó imposible. Tras varios intentos, acabó optando por romperlo haciendo palanca con un destornillador. Entonces descubrió que, sin la presencia del candado, tanto las puertas como el cajón se abrían de forma automática dejando al descubierto el peculiar tesoro que escondían en su interior: dos mechones de cabello –uno rubio y uno castaño–, una piedra de granito con la palabra hebrea *Shalom* grabada, dos peniques del año 1920 y un cáliz.

John debió de recostarse ligeramente en la silla en la que estaba sentado y fruncir ligeramente el ceño. Aquello para él no tenía ningún sentido.

«¿Por qué guardar todo esto en una caja para botellas de vino?», debió de preguntarse. «Nada de esto tiene un valor real. No tiene sentido». A continuación, debió de repartir todos los objetos sobre la mesa, levantarse de su asiento y dirigirse a la planta de tienda para despedirse de su ayudante diciéndole que salía a hacer unos recados y que enseguida volvería.

Desgraciadamente, tan sólo media hora después de haber salido de la tienda, su teléfono móvil recibió una oleada de llamadas que se estaban realizando desde ésta. Al principio, John no quiso prestarles mucha atención. Tal vez pensó que su ayudante habría tenido algún problema absurdo y asumió que, al regresar, lo podrían resolver juntos, pero las llamadas eran muy insistentes y finalmente tuvo que descolgar.

—Dime ¿qué ocurre? –preguntaría John.

—Tienes que venir aquí –sentenciaría ella tartamudeando–. Están pasando cosas… Hay algo o alguien aquí. ¡No puedo con esto!

—Tranquilízate, por favor. ¿Qué ocurre?

—¡No lo sé! –exclamaría ella con voz temblorosa–. Hay alguien aquí abajo rompiendo las bombillas. Me está dejando a oscuras y ha bloqueado la salida de emergencia.

En ese punto, John prestó atención a los sonidos que podían escucharse tras la voz de su ayudante y se percató de que parecía inmersa en una batalla campal. Tras su voz podía escuchar el insistente sonido de golpes y cristales rompiéndose, de puertas que se cerraban de un golpe y de decenas de objetos que parecían impactar contra una superficie dura.

—¡Llama a la policía inmediatamente!

La llamada se cortó.

John dejó sus quehaceres y condujo de vuelta a su tienda y, nada más llegar e intentar acceder al sótano, se percató de que la puerta de acceso estaba bloqueada. Aquello era muy extraño porque esa puerta únicamente podía cerrarse con las llaves que él portaba siempre encima. Sólo él podía bloquearla así que, muy asustado, introdujo la llave en el cerrojo, empujó la puerta y bajó las escaleras para descubrir que ninguna de las luces de aquel sótano podía encenderse.

Con la ayuda de la linterna de su teléfono móvil, John pudo alumbrar el entorno y darse cuenta de que todos los fluorescentes del sótano estaban rotos en mil pedazos. Algunos tubos parecían haber estallado, quizás debido a una subida de tensión, pero otros daba la impresión de que habían sido desmontados y estampados contra el suelo.

John, con sumo cuidado, caminó por el sótano llamando por su nombre a su joven ayudante pero parecía no haber ni rastro de ella. Todas las salidas de emergencia estaban bloqueadas y no había ni una sola luz que respondiera cuando pulsaba los interruptores. Y, finalmente, al llegar a su mesa de trabajo se percató de que la muchacha estaba escondida debajo de ésta.

—¿Qué ha pasado? –preguntaría John, alargando el brazo para ayudarla a levantarse–. ¿Estás bien?

La muchacha levantó la vista y, al ver la luz que emergía del teléfono móvil de John, se puso en pie y echó a correr hacia la salida. Jamás contó lo que había sucedido aquel día en ese sótano y jamás volvió a poner un pie en la tienda. De hecho, a día de hoy nadie sabe a ciencia cierta qué fue de esta muchacha, pues no volvió a contestar a las llamadas de John.

El tiempo pasó y nuestro protagonista se convenció a sí mismo de que la chica había sufrido un ataque de ansiedad. Quiso creer que alguien se coló en el sótano de la tienda y le gastó una broma pesada a la joven pues, al fin y al cabo, «los fantasmas no existen». Bajo esta premisa, el hombre decidió restaurar la caja que había adquirido en aquella venta de garaje y quedó tan satisfecho con su obra que se sentía muy feliz de haber decidido regalársela a su madre.

«He hecho un trabajo magnífico con ella», debió de pensar. «Tiene demasiada historia y es demasiado peculiar como para acabar siendo olvidada en un rincón. Mi madre sabrá apreciarla mejor que cualquier otra persona».

La madre de John cumplía años el 28 de octubre, pero aquel día se encontraba de viaje con su hermana, por ello él decidió invitarla a su tienda el día 31 para darle la sorpresa.

La recibió con la mejor de sus sonrisas y la invitó a sentarse en una cómoda silla colocada estratégicamente ante una mesa sobre la cual se encontraba su tan esperado regalo de cumpleaños.

—¡John, tienes una llamada! —exclamaría su nuevo ayudante desde el mostrador.

—¡Enseguida voy! —respondería él. Al instante, volvería la vista hacia su madre y proseguiría—. Ma, vengo enseguida. No lo abras hasta que yo vuelva. Quiero ver tu reacción en vivo y en directo.

La mujer asentiría con la cabeza y se acomodaría en la silla mientras su hijo caminaría hacia el mostrador. Según la historia que John llegó a contar, conversó con un posible cliente durante un par de minutos y, tras ello, fue interrumpido por su nuevo ayudante.

—Tienes que venir —sentenciaría éste, visiblemente alterado—. A tu madre le pasa algo.

Fue entonces cuando John se despidió de su interlocutor cortésmente, colgó el teléfono y siguió a su ayudante hasta la sala en la que había dejado a su madre pero, en esta ocasión, no la halló sonriente. La anciana se encontraba con el rostro desencajado y mirando fijamente a la Caja Dybbuk desenvuelta.

Al parecer, la impaciencia pudo con ella y, mientras su hijo respondía a la llamada, se levantó de la silla y desenvolvió su regalo de cumpleaños. Nada más deshacerse del papel de regalo, la caja se abrió de par en par dejando al descubierto todo su contenido. Nadie sabe con exactitud en qué momento sucedió, pero lo que sí parece estar claro es que, tras descubrir el tesoro que se ocultaba en el interior de aquella antiquísima obra de arte, la mujer se desplomó sobre la silla siendo víctima de un ictus.

John le preguntó una y otra vez qué le ocurría, pero la mujer no podía hablar. Únicamente se comunicaba moviendo los ojos y con ellos no dejaba de mirar en dirección al funesto regalo que acababa de recibir.

La mujer fue hospitalizada inmediatamente. Los días y las semanas se sucedían sin que se recuperase. Lo único que consiguieron arrancar de sus labios fueron las palabras «no regalo». John no podía entender por qué decía esto. Supuso que su madre rechazaba la caja porque, el simple hecho de imaginarla, le recordaba el mal momento que había pasado.

Por ello, le pidió a su hermana que cuidara de la caja hasta que la anciana se recuperase. Sin embargo, tras unos días en posesión de la aja, se la devolvió. La mujer no le explicó por qué lo hacía, pero dejó claro que no quería volver a verla nunca más, así que John decidió entregársela a su otro hermano. Lamentablemente la historia volvió a repetirse y, a los pocos días, éste le devolvió la caja.

Nuestro protagonista, viendo que nadie de su familia quería ver aquella bella caja, decidió venderla en su tienda y a los dos días le encontró comprador, lo que no era de extrañar pues se trataba de una pieza única que a todos les resultaba fascinante. Lo extraño vendría cuando, al día siguiente de realizar la venta, se encontró la caja en la puerta de su tienda.

John comprendió que no sería tan fácil librarse de ella, así que la cogió y se la llevó a casa, donde decidió esconderla en su sótano. Pensó que, desde allí, en el caso de que una maldición pesara sobre ella, no podría hacerle daño a nadie. Por desgracia, estaba muy equivocado.

Desde el primer instante en que la caja llegó a su casa, John no dejó de tener extrañas pesadillas. Cada noche se repetía el mismo mal sueño en su mente: él paseaba junto a un ser querido, reía y se lo pasaba bien, pero cuando mejor se lo estaba pasando su acompañante se convertía en un terrible monstruo que le propinaba una terrible paliza.

Todas las noches era víctima de la misma pesadilla y todas las mañanas amanecía con el cuerpo lleno de moratones. Sus piernas, brazos, vientre y rostro estaban llenos de marcas como si sus sueños no fueran sólo eso, sino una realidad. Pronto su mujer también tendría las mismas pesadillas y la casa entera comenzaría a oler a orina de gato; animal que, por cierto, John no tenía. Tras tres semanas de sufrimiento, el hombre se hartó. Cargó la caja en su furgoneta y la llevó de vuelta a su tienda y, una vez allí, la bajó al sótano y encendió un ordenador. Dependiendo de la fuente consultada el hombre pretendía hacer una cosa u otra. Algunos dicen que en un primer momento tenía la intención de buscar información acerca de lo que era un dybbuk, pero otras dicen que ya había decidido poner un anuncio en Internet para ver si algún valiente se atrevía a pujar por ella. Y así lo hizo.

En ese anuncio le contó al mundo las barbaridades a las que su familia se había visto expuesta. Relató la historia completa de la espeluznante Caja Dybbuk y pidió a las personas interesadas en ella que tuvieran mucho cuidado y que únicamente pujaran si conocían la religión judía y a los espíritus malignos que podían habitar aquel objeto.

Antes de que John pudiera validar el anunció sus ojos comenzaron a cerrarse, víctimas de un extraño sopor, y su rostro se desplomó sobre el escritorio. Aquélla fue la última vez que soñó con aquel monstruo, la última vez que la pesadilla que le perseguía desde hacía semanas volvía a repetirse, pero fue la primera vez que sintió un suspiro eléctrico en la nuca.

John despertó sintiendo el frío aliento de un ser invisible que resoplaba en su nuca y sus ojos se abrieron de par en par. Su anuncio de eBay estaba frente a él, esperando a que seleccionara el botón de «publicar anuncio» para acabar con todos sus problemas y él, totalmente aterrado, pulsó al mismo tiempo que posaba una de sus manos en su cuello.

Para su sorpresa, la puesta en venta de la Caja Dybbuk fue un gran éxito. Varias personas se interesaron por el producto y, finalmente, fue vendida por 140 dólares. Lamentablemente, el comprador no respondía a las características que John buscaba, pues se trataba de un estudiante de la Universidad de Misuri-Columbia sin conocimientos sobre judaísmo ni tampoco sobre espíritus malignos.

Algunas fuentes dicen que el comprador no era un solo joven sino dos. Con todo, las distintas versiones convergen en los sucesos que siguieron a la venta de la vinacoteca.

El joven comprador, Iosif Nietzke, tras adquirir la Caja Dybbuk, abrió un blog a través del cual pretendía relatar, a modo de diario, todos los eventos insólitos que experimentaba con este objeto. La describió con todo lujo de detalles, habló sobre su historia previa y todo lo que John y su familia habían vivido hasta el momento. Con aquel historial, el joven esperaba vivir uno de los sucesos sobrenaturales más impactantes de la historia. Probablemente se imaginaría a sí mismo protagonizando una película de terror, presenciando la materialización de uno de los demonios más poderosos de los nueve círculos del infierno de Dante pero, lejos de vivir algo así, experimentó un incómodo silencio.

Durante varias semanas el muchacho no tuvo ningún tipo de experiencia paranormal… Hasta que, en cierto momento, comenzó a informar de que percibía extraños perfumes que impregnaban todas las estancias. Primero, un dulce aroma de jazmines que, lentamente, derivó hacia un intenso hedor de orina de gato. En la residencia de estudiantes no había jazmines, y una de las principales normas era que los residentes no podían tener mascotas. Por ello, el hedor a orina era un aroma del todo improbable en el edificio.

Sin previo aviso, algunas de las bombillas del edificio empezaron a estallar. Primero fue una, después otra y, finalmente, el estudiante se dio cuenta de que las bombillas que estallaban eran aquellas que se encontraban más cerca de la Caja Dybbuk. Lamentablemente, cuando el muchacho quiso darse cuenta, comenzó la segunda fase de la infestación. Su habitación empezó a llenarse de humedades, cucarachas, hormigas y todo tipo de insectos, y su salud comenzó a deteriorarse. Fue como si todo aquello con lo que el objeto maldito estuviera en contacto iniciara un proceso de putrefacción.

Iosif también aseguró que muchos de sus compañeros de cuarto habían enfermado y que, en cierto momento, padecieron las mismas pesadillas que John había descrito en su anuncio de eBay. Ante estas evidencias, el joven no se lo pensó dos veces y redactó un nuevo anuncio en la plataforma para intentar deshacerse de la caja maldita.

En dicho anuncio no sólo relató sus propias experiencias, sino que adjuntó un enlace directo a su blog y contó también todo lo que John explicaba en el primer anuncio. Por increíble que parezca, la Caja Dybbuk fue vendida nuevamente, en esta ocasión, por 280 dólares.

El comprador fue Jason Haxton, quien por aquel entonces era director del Museum of Osteopathic Medicine and the International Center for Osteopathic History, de Misuri. Su intención no era exorcizar el objeto y mucho menos comprobar con sus propios ojos si éste estaba verdaderamente poseído por una entidad maligna, sino demostrarle al mundo que los eventos paranormales tenían una explicación científica.

Tras pagar por la antigua vinacoteca, el director decidió que el paquete fuera enviado directamente al museo donde trabajaba. Una vez lo recibió, dio comienzo a su investigación. Estaba convencido de que la caja provocaba alucinaciones debido a que podía contener algún tipo de bacteria que atacaba directamente al sistema nervioso y que, quizás, alteraba la psique de todo aquel que entraba en contacto con ella. Por desgracia, tras su exhaustiva investigación fue incapaz de encontrar tal cosa pero, aun así, detectó que en las esquinas superiores de la Caja Dybbuk había antiguos restos de cera, lo cual indicaba que probablemente alguien había realizado algún tipo de ritual en torno a este objeto.

El tiempo pasó y, de la noche a la mañana, los compañeros de trabajo de Jason Haxton comenzaron a impacientarse. Nadie quería estar junto a aquel objeto. Aseguraban que había algo extraño en torno a él y que la prueba de ello era que las bombillas y los fluorescentes que se hallaban cerca de la caja acababan estallando, y que intensos olores parecían emerger de su interior.

Finalmente, y respondiendo a las exigencias de sus compañeros, el director llevó la Caja Dybbuk a un trastero que tenía alquilado. Pensó que al alejarla de todos sus seres queridos evitaría que se repitiera la misma historia que los anteriores propietarios vivieron pero aquello, por increíble que parezca, no sirvió de nada. Las bombillas de su casa también comenzaron a explotar, su salud comenzó a verse afectada y, finalmente, llegaron las pesadillas tanto para él como para su esposa y su hijo.

Se dice que el hombre intentó volver a ponerse en contacto con el anterior vendedor, e incluso con John, pero ninguno respondió nunca a sus llamadas

En este punto la historia termina por distorsionarse. Algunas versiones narran que entregó la Caja Dybbuk a un rabino que la puso a buen recaudo pero, teniendo en cuenta el destino final que corrió esta caja, no queda muy claro que eso fuera exactamente lo que sucedió.

En el caso de que el Dybbuk hubiera llegado a poseer un cuerpo humano, el rabino habría tenido que realizar un tipo de exorcismo muy concreto. Según la Cábala, para poder realizar un exorcismo hay que dirigirse a una sinagoga y colocar al poseído en el interior de un círculo protector formado por 10 personas. A continuación, estos sujetos recitarían el salmo 91 tres veces seguidas mientras el rabino haría sonar un *shofar* para desorientar a la entidad maligna la cual, tras escuchar el salmo, estaría dispuesta a comunicarse. Antes de ordenar a este ser que abandone el cuerpo de su víctima, el rabino debe conocer su nombre para, de este modo, tener poder sobre ella. Y, cuando lo conoce, puede llevar a cabo la expulsión.

En el año 2004, esta historia llegó a oídos de una periodista llamada Leslie Gornstein. Le resultó tan fascinante que decidió escribir un artículo sobre ello para *The Angeles Times*, «Jinx in a box». Según relató, la caja no habría terminado en manos de un rabino, sino que su penúltimo propietario se la vendió al investigador paranormal y presentador de televisión Zack Bagans. El objetivo de su compra fue exponerla en su museo *Zack Bagans Haunted Museum*, en Las Vegas. Desde entonces, la Caja Dybbuk se ha convertido en una de las atracciones más llamativas del recinto. De hecho, su fama trascendió los muros del museo y, en el año 2012, vio la luz una película basada en su historia, *The Possession*.

PARA SABER MÁS

https://hablemosdemitologias.com/c-mitologia-hebrea/dybbuk/

https://eleggua.es/que-es-un-dybbuk/

https://creepypasta.fandom.com/es/wiki/La_Caja_Dybbuk

https://creepypasta.fandom.com/es/wiki/Usuario_Blog:Itsuki01/La_Caja_Dybbuk

HAROLD EL INFAME

Cuando hablamos sobre la posibilidad de incluir un apartado en este libro dedicado a los objetos embrujados o malditos, tenía muy claro que quería hablar de los clásicos juguetes endiablados. Robert era uno de mis muñecos embrujados favoritos y, por lo tanto, no podía dejarlo fuera de los expedientes Flisflisher que estáis leyendo, pero Harold también es muy especial para mí. Es esa clase de objeto maldito que llama tu atención desde el minuto uno y te obliga a plantearte una gran cantidad de dudas sobre el poder de las palabras. Así que, a pesar de que ya hemos hablado de un caso similar, éste presenta algunas características tan atractivas y truculentas que no podía dejar de compartirlo con vosotros.

La historia de este objeto es muy confusa y retorcida. Hay tantas versiones distintas de lo ocurrido que no sabes cuál es cierta y cuál inventada. Algunas hablan de sus orígenes con tanta seguridad que parece que las investigaciones hayan fructificado y que lo sepamos todo respecto a este objeto; otras, en cambio, ponen en duda incluso su nombre. Pero, a pesar de las confusiones y de las diferencias entre las distintas fuentes, haré mi mayor esfuerzo para mostraros una versión que trata de ordenar y dar sentido a lo que he leído al respecto.

¿Habéis escuchado alguna vez la frase «una mentira repetida mil veces se convierte en una verdad»? Pues parece que en caso de Harold esta frase pareció cobrar todo el sentido del mundo.

Según cuentan, en el año 2003 un hombre llamado Greg Rivera, alias Mishka, decidió usar el portal eBay para vender un muñeco que él consideraba «embrujado». Dependiendo de la fuente que consultemos Greg tuvo una experiencia u otra, vivió una realidad o una fantasía. Por ello, para salir de dudas, contaremos la versión que nos indica el dueño actual en su blog.

Greg aseguraba haber comprado el muñeco en un mercado de antigüedades y no conocer exactamente su procedencia. Dijo que una mujer se lo vendió alegando que estaba maldito y que había tenido terribles experiencias con él. Su anuncio de eBay poco a poco se fue haciendo más y más conocido y llegó a salir en el programa de radio *Costa a costa* de Art Bell. Se contaron mil historias distintas sobre el origen de aquella pieza y resultó complicado discernir la realidad de la ficción. ¿Estaba realmente embrujado? ¿Fue una estrategia para inflar el precio del producto? Al principio, Greg no decía nada al respecto, pero la verdad pronto saldría a la luz.

Greg quería engañar a una amiga suya y asustarla un poco. Pretendía hacerle creer que aquel muñeco que había comprado en un mercadillo estaba maldito pero, tras publicar el anuncio, su mentira se convirtió en realidad. Eventos extraños comenzaron a suceder.

No queda muy claro en qué momento de la historia ocurrió esto pero, según dicen, Greg grabó un vídeo en el que el muñeco parecía mover la boca y pronunciar un nombre: Harold. Nadie sabe si esto es cierto o si formó parte de la macabra broma de este hombre pero, sea como fuere, ése fue el nombre que decidió ponerle a este juguete encantado.

En su anuncio de eBay, Greg comenzó la subasta en nueve dólares pero, gracias a señalar que «estaba embrujado», esperaba que el precio subiese y que la gente llegara a pujar 30 o 40 dólares. El truco funcionó mucho mejor de lo que esperaba y en apenas 24 horas su anuncio recibió más de 100 000 visitas. Las pujas no dejaban de crecer y pronto superaron los 100 dólares, de hecho, el máximo pujador llegó a ofrecerle 700. Con todo, esta persona no llegó a pagar dicha suma así que el muñeco pasó a manos de la segunda persona que más dinero ofreció: una mujer llamada Kathy.

Algunas fuentes dicen que Kathy era amiga del hermano mayor de Greg a la que iba dirigida la broma de la «muñeca embrujada» y que no le importó en absoluto. De hecho, se dice que pretendía sacarle provecho al tema. Su idea era comprar la muñeca, quedársela durante dos o tres meses y después volver a venderla a través de eBay inflando aún más el precio.

La moda de los objetos embrujados era un hecho y había que aprovecharla como fuera. Por desgracia, el juego le salió muy mal pues, la mentira de Greg fue repetida tantas veces que se acabó convirtiendo en realidad. Tan pronto como ganó la subasta comenzaron a suceder sucesos inexplicables a su alrededor.

Harold no se movía solo, tampoco cambiaba su expresión facial ni susurraba en lenguas extrañas, pero había algo en él que resultaba espeluznante. La energía que desprendía impregnaba cada rincón de la casa y un extraño halo de inquietud se hacía presente. Por ello, en cierto momento, Kathy lo introdujo en una caja y lo escondió en el interior de un armario.

El tiempo pasó y la mujer le contó toda la historia a una amiga, Ronnie, y ésta le pidió ver el muñeco. Quizás no se acababa de creer que desprendiera nada extraño o quizás pensaba que todo se debía a la sugestión, así que Kathy decidió llevarlo a casa de Ronnie y Steven para que pudiesen verlo.

Una vez allí, todo fue de lo más normal. Probablemente ambas mujeres compartirían su gusto por los objetos antiguos, tomarían refrescos y bromearían. Por desgracia, el muñeco nunca fue muy buen amigo de las bromas y mucho menos si tenían que ver con él, así que, en un momento en que Ronnie se ausentó, quizás para ir a buscar más bebida o algo que quisiera enseñarle a Kathy, calló accidentalmente por las escaleras y perdió la vida al instante.

Esta muerte fue un shock para Kathy quien, nada más volver a casa, encerró al muñeco una vez más en el fondo de un armario y decidió olvidarse de él. Pero el tiempo pasó y le resultó imposible hacerlo. Mirase a donde mirase y fuera adonde fuera, el muñeco siempre estaba ahí. Sabía perfectamente que, al abrir el armario, seguiría escondido en el rincón más profundo y oscuro, pero su presencia siniestra se dejaba sentir en todas partes.

Un día escuchó un fuerte estruendo procedente del baño. La mujer entró con paso firme pensando que quizás se había descolgado una percha o se había colado un gato por la ventana, no obstante se encontró con algo muy distinto. Todo el contenido del armario de la ropa limpia parecía haberse caído al suelo pero, para su sorpresa, estaba perfectamente doblado y apilado en un rincón.

Días más tarde, mientras hablaba por teléfono con Rick, su prometido, ocurrió algo muy perturbador. En cierto punto de la llamada, el hombre comenzó a gritar porque tenía una araña lobo marrón subiendo por la espalda. Justo en el momento en el que le dijo esto, Kathy vio pasar algo extraño por el rabillo del ojo y, cuando se dio la , vio a una araña de la misma especie que estaba describiendo Rick corriendo por encima de la alfombra de la sala de estar y dirigiéndose al baño.

Dos horas después de aquel extraño evento, Rick volvió a casa y le mostró a Kathy la parte posterior de su camisa. En mitad de la espalda, había una mancha que demostraba que alguien había matado a una araña de grandes proporciones sobre su ropa.

Aquello fue espeluznante, pero lo peor de todo vino cuando Steven, el viudo de la difunta Ronnie, la llamó por teléfono absolutamente desconsolado. Cada rincón de la casa le recodaba a ella y era incapaz de olvidar lo ocurrido, así que le pidió que le dejara pasar un tiempo en su casa. Probablemente, Kathy se sintiera culpable por lo que había pasado o, quizás, sólo quiso ser una buena amiga, así que le cedió una habitación de la casa.

Steven tenía una salud de hierro. Escalaba, nadaba, corría… Era una persona muy atlética y vivaz pero, tan sólo 3 meses después de mudarse a la casa de Kathy, fue diagnosticado de un cáncer de pulmón que acabó con su vida en un abrir y cerrar de ojos. ¿Adivináis qué había escondido en las profundidades del armario del cuarto de Steven? Exacto, el muñeco maldito. Cuando Kathy lo descubrió no pudo evitar atacar cabos y, rápidamente, se sentó frente al ordenador y redactó un nuevo anuncio de eBay.

Sin darse cuenta ya había pasado un año desde que aquel objeto llegó a su vida y, por supuesto, no quería seguir siendo su propietaria durante más tiempo. No podía arriesgarse a que las vidas de más personas estuvieran en juego, y era posible que todo hubiera sido el resultado de una serie de catastróficas desdichas, pero ¿y si no era así? ¿Y si el muñeco realmente estaba embrujado? No podía esperar más tiempo para comprobarlo, así que redactó punto por punto toda su historia y dejó que la gente interesada encontrara el artículo.

Una vez más, Internet se convirtió en un hervidero al descubrir la historia de aquella pieza. Decenas de personas entraron en el artículo para curiosear pues no todos los días alguien aseguraba poseer un objeto tan maligno y, entre todas las personas que encontraron el anuncio, estaba Anthony Quintana.

Anthony Quintana, por aquello tiempos, estaba trabajando en el libro *Haunted eBay - Are You Going To Believe Me, or Your Lying Eyes?* Tal y como indica el título, su proyecto era muy ambicioso. Durante largo tiempo se había dedicado a comprar objetos embrujados en la plataforma de compraventa online y los había puesto a prueba de mil formas distintas. Compró joyas, cajas de música, supuestas cajas dybbuk, espejos... Compró todos los objetos que os podáis imaginar y los sometió a detectores de campos electromagnéticos, intentó captar psicofonías e incluso le pidió a la psicometrista April Palmer que llevara a cabo un análisis completo de cada uno de ellos, pero ninguno era lo que su respectivo anuncio prometía.

Si un objeto supuestamente causaba enfermedades, Anthony no cogía ni un mísero resfriado. Si otro objeto prometía resultados instantáneos en una investigación de tipo paranormal, el detector K2 ni siquiera captaba la más mínima fluctuación de energía. Por ello, cuando encontró el anuncio del muñeco supuestamente embrujado, no tuvo muchas esperanzas al respecto. Aun así, decidió probar suerte.

En cuanto vio el anuncio realizó una puja y, al poco tiempo, Kathy le mandó un e-mail. Le preguntó por qué quería el muñeco y qué interés tenía en él; fue entonces cuando ambos comenzaron a hablar. Ella le contó toda su historia con Harold y le dejó claro que no creía que estuviera poseído por un fantasma, sino más bien maldito. Había tenido muy mala suerte mientras lo mantuvo bajo su techo, no había visto fantasmas ni había sido agredida físicamente por una fuerza invisible, pero estaba más que segura de que algo malvado se cernía sobre Harold.

Anthony le dijo que realmente no quería el muñeco pero que estaba interesado en ver qué cifras alcanzaba la subasta. Fue entonces cuando otra persona se añadió a esta conversación, el usuario «Strange Majik». Esta persona era esa clase de comprador que considera las pujas un juego muy excitante y no podía permitir que otro le adelantase. Por ello, decidió enviarle un e-mail a Anthony para dejarle claro que Harold sería suyo. No importaba cuánto dinero pretendiera dejarse en el muñeco, pues él siempre acabaría pagando más.

«¿Era ésta una estrategia de Kathy para deshacerse de Harold?», os preguntaréis. Por desgracia, jamás sabremos la respuesta. De lo que sí podemos estar seguros es de que Anthony mordió el anzuelo y, desde ese instante, peleó con uñas y dientes por hacerse con Harold.

«Strange Majik» hacía una oferta y Anthony, en cuanto podía, la superaba. Cada día que pasaba el precio de Harold se inflaba más y más y, finalmente, llegó a costar 600 dólares. El último día de la subasta, cuando tan sólo quedaban 4 minutos para que ésta terminase, «Strange Majik» ofreció 700 dólares a Kathy y, a los pocos minutos, Anthony ofreció 720, de forma que se convirtió en el nuevo propietario del muñeco maldito.

Casi de inmediato, Kathy le envió un correo electrónico ofreciéndole el muñeco completamente gratis. Él no tendría que pagar nada. Kathy lo envolvería y se haría cargo de los costes de envío, pero Anthony se negó. Había ganado la puja legalmente y, por lo tanto, pagaría por él.

Unas semanas después de realizar esta transacción, el cartero llevó a su casa un paquete procedente de Irlanda: era Harold, no cabía la menor duda. Nada más abrirlo, Anthony se puso manos a la obra.

En primer lugar, identificó el objeto de la investigación. Era un muñeco muy particular. Estaba en evidente mal estado y, a simple vista, parecía la copia de un modelo de 1930. De hecho, al estudiarla se le hizo evidente que estaba confeccionado a partir de las piezas de otros muñecos del mismo estilo. Piezas que, por cierto, no encajaban entre sí. Su rostro era de un muñeco, sus brazos y piernas eran de otro y su torso de trapo pertenecían a un modelo imposible de identificar. Eran cronologías tan distintas que resultaba imposible saber en qué momento fue creado.

Tras averiguar toda esta información, Anthony, comenzó con el análisis. Realizó una prueba con un medidor EMP Tri-Field y no consiguió resultados. Tras ello, intentó tomar fotografías para ver si, en alguna, aparecía algo extraño. Tampoco obtuvo resultados.

«¿Y si la historia que contó Kathy es real?», debió de comenzar a plantearse. «¿Y si este muñeco es capaz de causar el mal a quienes le rodean?». Para prevenir cualquier percance, Anthony lo guardó de un modo muy particular: lo introdujo en la bolsa y sobre ella dejó una botella de agua bendita y una cruz.

Días después Anthony decidió coger la bolsa donde descansaba Harold y llevarla a casa de April Palmer para que ésta le realizara un análisis. Nunca le contaba nada acerca de las piezas que conseguía, pues quería que la mujer no se viera condicionada por lo que él pudiese explicarle. Por desgracia, en esta ocasión, nada más sacar a Harold de la bolsa, la mujer lo identificó al instante.

Las fotografías del muñeco habían circulado por Internet durante años e incluso habían aparecido en los medios de comunicación, así que era imposible que un amante de lo paranormal no fuera capaz de identificarlo. Al percatarse de esto, Anthony pensó en llevárselo de vuelta casa, pero después pensó que, ya que estaba allí, podrían probar suerte. Era posible que la fama del objeto no fuera más que una burda mentira, así que lo mejor que podían hacer era intentar salir de dudas.

Encendió una grabadora, la dejó sobre la mesa y se dirigió hacia la bolsa de tela; sacó la cruz, la botella de agua bendita y después a Harold. Cuando lo sentó frente a su amiga, abrió la botella y lo roció con diminutas gotas del líquido santificado. April, al ver esto, no pudo evitar reírse y decir: «¿Le estás rociando con agua bendita?». A continuación, cogió al muñeco en brazos y comenzó a dar sus impresiones.

—Anthony, no puedo hacerlo –pronunciaría ella dos minutos después–. No puedo, lo siento. Ya no puedo hacer esto.

—¿Por qué? ¿Qué sucede? –preguntaría él.

—Porque el muñeco amenaza con matarme –un silencio espeso se haría presente entre los dos y únicamente se vería interrumpido por la temblorosa voz de April–. Tengo un soplo en el corazón y siento que el espíritu de este muñeco lo está apretando.

Anthony no se lo podía creer. Seguramente pensó que su amiga estaba tan sugestionada que era incapaz de discernir la realidad de la fantasía, así que recogió todas sus pertenencias y se dirigió a su casa con el convencimiento de que, una vez allí, descubriría que en la grabación de voz que había tomado no había evidencias del embrujo del que April había hablado pero, por suerte o por desgracia, se equivocaba.

En cuanto llegó a casa y reprodujo la grabación se dio cuenta de que, en todo momento, había una tercera voz con ellos. Cuando April dijo con un tono burlón: «¿Le estás rociando con agua bendita?», una voz masculina y eléctrica pronunció: «¡Cállate, perra!». A partir de ahí, esa voz amenazaba constantemente a April.

Aquello era tan siniestro que Anthony no supo qué hacer, así que escondió a Harold en las profundidades de un armario hasta saber exactamente qué hacer con él.

Tuvo que pasar todo un año para que Anthony se diera cuenta de que la maldición de Harold era real. En todo ese tiempo vio cómo sus seres queridos sufrían todo tipo de percances: enfermedades, lesiones, accidentes e incluso él mismo sufrió una lesión que requirió de cirugía. Viendo que tantas cosas malas ocurrían a su alrededor, Anthony pensó que quizás el problema era que Harold no había salido de su casa ni un solo momento. Estaba encerrado en un armario así que en 2005 alquiló un trastero y lo envió allí.

Investigó por todos los medios la historia anterior del juguete y, al parecer, descubrió que él no había sido ni la primera ni la única persona en tener experiencias extrañas con Harold. La historia de Kathy, en comparación con todo lo que anteriormente experimentaron otros dueños, era un simple suspiro.

Durante largo tiempo, el muñeco estuvo aislado del resto del mundo pero, en septiembre de 2013, una amiga de Anthony le comentó que había encontrado un vídeo en YouTube que hablaba sobre muñecos embrujados y que, el creador de ese vídeo, había mencionado a Harold. Había pasado tanto tiempo desde que apareció en Internet por primera vez que ya nadie sabía qué había sido de él, así que circulaban todo tipo de historias cada una más rocambolesca que la anterior: que Harold mataba a sus dueños, que estaba poseído por el alma de un niño, que era demoníaco… Por ello, Anthony decidió romper su silencio y anunciar en Internet que era su actual propietario.

Lo primero que hizo fue publicar una fotografía de Harold para ver si alguien podía reconocerlo. Quizás alguna persona la tuvo antes que él y, al ver la fotografía, podría contarle más información. Lo que no sabía es que no sólo no iba a conseguir lo que estaba buscando, sino que se generaría una oleada de pánico. Decenas de personas, tras ver la fotografía, dijeron que Harold se les aparecía en sueños. Un usuario en concreto aseguró que se despertó en mitad de la noche sintiendo que el muñeco le vigilaba desde las sombras.

Harold fue adquiriendo más y más fama hasta que su historia llegó a oídos del programa de televisión *Buscadores de fantasmas* quienes, como cabría esperar, estaban interesados en dedicarle un programa. Anthony Quintana al principio se mostró reticente. Sabía que los métodos que empleaban estos investigadores a veces no son los más adecuados y mucho menos si se trataba de objetos realmente embrujados. Zak Bagans, presentador principal, ponía al límite a las entidades burlándose de ellas o retándolas a agredirle físicamente, por ello decidió advertirle de cuán peligroso podía ser este muñeco.

Harold, exteriormente, era bastante frágil. Su brazo izquierdo estaba ligeramente descolgado y cualquier gesto brusco podía hacer que se le acabara cayendo. Anthony informó al equipo de *Buscadores de fantasmas* para que fueran con cuidado y, acto seguido, les entregó el muñeco y les dejó en que avanzaran con las investigaciones.

En el año 2014, el equipo se traslada a la Isla de las Muñecas de Xochimilco, México, y en su travesía planean incluir a Harold. El episodio va bien hasta que Zak decide interactuar con el muñeco. Lo coge en brazos y lo provoca lo suficiente como para comenzar a sentir un intenso dolor en el brazo izquierdo. Cuando el presentador se mira la zona que tanto le duele se da cuenta de que allí han aparecido tres moratones que tienen la forma de las huellas de un niño.

Después de vivir esta experiencia, el equipo visita a un psíquico que vive cerca de la Isla de las Muñecas, con la intención de que éste les dijera que, dentro de Harold, se encontraba el espíritu de un niño y que por ello Zak tenía las huellas de uno en su brazo. Sin embargo, esto no es lo que sucedió ya que este hombre les dice que dentro del muñeco hay muchas almas atrapadas y entre ellas se encuentra la de una mujer con un trastorno mental que la empuja a actuar de forma agresiva cuando alguien hace daño a Harold.

Tras la emisión del programa, Anthony decidió crear un canal de YouTube para demostrarle al mundo que Harold sí estaba embrujado, pero lo que no esperaba es que, nada más crearlo, decenas de mensajes se acumularan en la bandeja de entrada de su correo electrónico. Muchas personas aseguraban que, con el simple hecho de contemplar la imagen del muñeco durante la emisión del programa, habían comenzado a sentir náuseas, mareos e incluso a experimentar eventos paranormales.

La maldición de Harold viajaba a todos los rincones del planeta. Todo aquel que vio el programa de *Buscadores de fantasmas* aseguraba que el muñeco era vengativo y que no toleraba que se burlaran de él. De hecho, mucha gente que se rio de Harold al verlo en televisión amaneció con moratones o fue víctima de una serie de catastróficas desdichas. Parecería que ni siquiera era necesario establecer contacto directo con el muñeco para quedar sujeto a su maldición.

Entre los mensajes que Anthony recibió se encontraba el de una mujer australiana, madre de un niño de seis años que padecía autismo. El pequeño, al ver la imagen de Harold, comenzó a decir cosas relacionadas con él y a dibujar a los espíritus que supuestamente vivían dentro del juguete. No quisiera ahondar mucho en las experiencias de esta criatura ni tampoco compartir su nombre para, de este modo, preservar su intimidad, pero podríamos decir que este niño fue capaz de leer los pensamientos del muñeco.

La naturaleza y la intensidad de lo que experimentó no podemos saberlo, pero de lo que sí tenemos constancia es de que realizó unos dibujos muy reveladores. Dibujos en los que aseguraba que dentro de Harold había cuatro entidades diferentes: Elsie, Marjorie, Harold y una cuarta persona a la que no era capaz de identificar.

Tras someter al muñeco a diferentes pruebas con psíquicos, Anthony llegó a la conclusión de que esa cuarta entidad no tenía rostro porque era un demonio. Una entidad oscura que dominaba a las otras tres y las obligaba a actuar de forma agresiva.

Obviamente, esta historia marcó muchísimo al mundo entero y, cuando los más escépticos se percataron de que un niño pequeño se había visto involucrado, atacaron sin piedad el trabajo de Anthony Quintana. Consideraban que el embrujo del muñeco había sido una farsa pues, ya desde un comienzo, no quedaba claro su origen. ¿Greg mintió hasta el final? ¿Kathy continuó con la mentira? Nadie sabía con exactitud la verdad acerca de Harold, y lo único que se podía saber sobre él se encontraba en el canal de YouTube de Anthony o en el libro que publicó en 2015, *Harold the Haunted Doll: The Terrifying, True Story of the World's Most Sinister Doll*.

Durante largo tiempo creí en esta historia y me obsesioné con ella hasta el punto en que llegué a verme todos y cada uno de los vídeos del canal de YouTube de Anthony Quintana, pero todo parecía tan confuso que, finalmente, ya no supe qué pensar. Cada fuente que consultaba decía una cosa distinta sobre Harold e incluso en *Buscadores de fantasmas* contaron una historia sobre su origen que no acabé de entender pues, si Greg aseguró haber mentido en su testimonio, me resultaba muy confuso.

Según se dice, Anthony Quintana aseguró haber logrado obtener datos sobre el pasado del muñeco y llegar a conocer el nombre de algunos de sus antiguos dueños y sus historias pero, para ser sincera, a mí sólo me importa conocer el tiempo presente de este muñeco y las pruebas que pudo recabar él —las cuales cabe decir que no fueron pocas precisamente—. Podían haber sido montadas para conseguir visitas y hacer que su libro formara parte del top ventas de Amazon, pero lo cierto es que me dejaban pegada al asiento desde el minuto uno. Anthony interactuaba con las entidades ayudándose de linternas y todo tipo de aparatos de medición de campos electromagnéticos, y eso me resultaba muy atrayente.

Debo admitir también que me sentí profundamente decepcionada cuando el 24 de abril de 2017 Anthony publicó un vídeo en YouTube asegurando que las almas que se encontraban presas en el interior de Harold habían sido liberadas gracias a la intervención de dos sacerdotes. La historia llegaba a su fin y, por desgracia, jamás logré descubrir si había sido real o un engaño, así que supongo que la decisión debéis tomarla vosotros.

PARA SABER MÁS

QUINTANA, A.: *Harold the Haunted Doll: The Terrifying, True Story of the World's Most Sinister Doll*. Createspace Independent Pub., 2015.

www.youtube.com/watch?v=udJp8a-Inkk&t=154s

http://haroldthehaunteddoll.com/?page_id=160

https://paranormalheraldmagazine.wordpress.com/2016/11/23/herald-the-doll-is-not-an-evil-dollbut-its-famed-psychic-may-be-the-inside-truth/

La lanza de Longinos

Tal y como hemos visto a lo largo de esta parte del libro, existen objetos con un poder inconmensurable. Algunos de ellos, como en el caso de Robert, parecen tener vida propia debido a una maldición y otros, como en el caso de la Caja Dybbuk, han sido creados para contener el mal. Sin embargo, la historia que vais a leer a continuación es un poco distinta a las demás.

En la religión católica existen objetos de carácter sagrado que, con el pasar de los siglos, se han acabado convirtiendo en reliquias. Miles de personas han hecho lo imposible por dar con ellos pues, según las leyendas, éstos son capaces de conferir a su portador ciertos dones: el cáliz de Cristo, los clavos que atravesaron sus manos y sus pies en la cruz... Pero, por encima de todos, existe uno que dicen que ha despertado la inquietud de gran cantidad de líderes políticos: la lanza de Longinos.

En la Biblia, concretamente en el Evangelio de Juan, se nos explica que en cierto momento de la crucifixión, los soldados romanos optaron por romperle las piernas a Cristo. Ésta era una práctica muy común llamada *crurifragium* y, aunque parezca que era un método de tortura más, en realidad, era empleado como «golpe de gracia». El crucificado, en un inicio, tenía los brazos anclados a la cruz pero los pies, apoyados en cierto modo. Lamentablemente, al quitarle el apoyo inferior, comenzaba a presentar problemas respiratorios y, si quería seguir inhalando oxígeno, tenía que estirarse hacia arriba por lo que, al cabo, acababa falleciendo por causa de la asfixia.

Con la idea de llevar a cabo esta práctica en Cristo, los romanos se acercaron a su cruz pero, al ver que no se movía, decidieron comprobar si realmente había dejado de respirar. Por ello, tal y como podemos leer en Juan 9:33-34, uno de los soldados cogió una lanza y se la clavó en un costado: «Más al llegar a Jesús y verlo muerto, no le quebraron las piernas; pero uno de los soldados le traspasó el costado con una lanza, y seguidamente salió sangre y agua».

La lanza empleada para punzar a Cristo recibió el nombre de lanza de Longinos, pues su dueño, según el evangelio apócrifo de Nicodemo, era el centurión Longinos de Cesarea. Hasta el día en que se vio obligado a punzar a Cristo, Longinos no creyó en su palabra. Para él todo eran burdas falacias sin sentido pero, el día en el que el hijo de Dios perdió la vida, toda Roma fue víctima de una tremenda sacudida. La tierra crujió bajo los pies de sus habitantes y, tras ello, Longinos y sus hombres se dirigieron hacia los crucificados para llevar a cabo el «golpe de gracia», pero Cristo ya no se movía. Fue entonces cuando el centurión pronunciaría las siguientes palabras: «¡En verdad éste era el hijo de Dios!».

Desde aquel momento, el soldado no pudo negarse ante la evidencia, pues no sólo vivió el terremoto en sus propias carnes sino que, al mismo tiempo, fue testigo de uno de sus milagros. En *La Leyenda Dorada* o *Leyenda Áurea*, escrito a mediados del siglo XIII por el arzobispo de Génova, Santiago de la Vorágine, se lleva a cabo una recopilación de historias relacionadas con santos de la Iglesia católica y uno de sus capítulos es dedicado especialmente a Longinos de Cesarea. En éste se cuenta, con todo lujo de detalles, cómo tras clavar la lanza en el costado de Cristo para ver si estaba muerto, de su cuerpo emergieron dos gotas de sangre que cayeron directamente sobre los ojos de Longinos. Debido a su avanzada edad, el centurión era parcialmente ciego pero, tras sentir la sangre de Cristo extendiéndose sobre sus párpados, volvió a ver el mundo con total nitidez. Los escritos añaden también que, tras vivir este suceso, el soldado abandonó su carrera militar para abrazar la vida monástica en Capadocia durante 28 años, tiempo en el que además estuvo predicando la palabra de Dios y convirtiendo a muchas personas al cristianismo.

Muchas de las reliquias de la religión católica se relacionaron directamente con personajes considerados santos con el pasar del tiempo. La primera reliquia de la que tenemos constancia fue una de las piedras que fueron lanzadas contra san Esteban durante su martirio. Ésta fue recogida y llevada a Francia y, tras ello, el santo fue considerado el primer mártir de la Iglesia católica. Se sabe que la importancia y proliferación de las reliquias, junto a su culto, se remontan a principios del cristianismo. En aquellos tiempos los cristianos fueron víctimas de persecuciones y aquellos que murieron por la fe fueron considerados santos, mientras que los objetos –o partes de éstos– que fueron empleados durante sus martirios fueron convertidos en reliquias y preservados para la posteridad.

Como cabría de esperar, dentro de las reliquias, las más importantes son las que tienen algún tipo de relación con Cristo, como los clavos de la cruz o el sudario. Sin embargo, la lanza resulta muy llamativa, pues no sólo posee una interesante leyenda alrededor de su origen sino que, al mismo tiempo, se le atribuyen asombrosos poderes.

Las lanzas romanas constaban de un astil de madera y medían dos metros de largo y en su extremo tenían una punta de metal de, aproximadamente, unos 30 centímetros. En el caso de la lanza de Longinos, tras ser clavada en el costado de Cristo, fue enviada a la armería de la base romana de Jerusalén, lugar al que iban a parar todas las armas cuando los soldados terminaban su servicio.

El siguiente rastro que se tiene de la lanza se remonta al año 66 d. C., en el inicio de la primera guerra judeorromana. En cierto momento la armería fue saqueada y la lanza desapareció junto a otras muchas armas. Pese a ello, varios expertos aseguraban que en realidad fue puesta a buen recaudo. Tras varias revueltas más y la destrucción de Jerusalén, se perdió el rastro de la lanza durante 100 años, cosa que alimentaría los rumores y las leyendas que existían sobre ella.

Se comenzó a decir que la lanza podía conferir grandes poderes a su portador y que aquel que se hiciera con ella gobernaría un imperio. En cierto momento se dice que fue recuperada por José de Arimatea quien, según Mateo 27:60, cedería su sepulcro a Cristo para que fuera enterrado en su interior. Posteriormente llegó a manos de quien era comandante de la Legión de Tebas, san Mauricio. A partir de aquí, el siguiente testimonio que tenemos sobre el objeto viene de la mano de Flavia Julia Helena, madre del emperador Constantino. Esta dama tuvo un sueño en el cual recorría los diferentes escenarios de la vida de Cristo y, al despertar, consideró que aquélla había sido una revelación divina. Por lo tanto, decidió que debía dedicar su vida a buscar las reliquias y conservarlas.

En el año 263 d. C., se dirigió a Jerusalén para derrumbar un templo en honor a Venus y, al excavarlo, encontró una gran piedra que supuestamente indicaría que aquél era el auténtico sepulcro de Cristo. Helena también sería quien encontraría las reliquias de la pasión como las tres cruces, la corona de espinas, algunos clavos y, por supuesto, la famosa lanza. Esta labor no sólo fue desempeñada por ella sino también por su hijo, Constantino, junto al cual construyó iglesias para guardar los objetos en su interior.

Durante siglos, cientos de personas recorrieron grandes distancias para visitar estas iglesias y ver con sus propios ojos las sagradas reliquias. «¿Será cierto lo que cuentan?», debían de preguntarse algunos. «¿Realmente conservarán aquello que aparece en las Sagradas Escrituras?». Y entonces, al atravesar los grandes portones de las iglesias y caminar lentamente hacia el altar, se encontraban con aquellos elementos que tantos interrogantes habían suscitado en sus mentes.

Supuestamente en el siglo VI, un hombre llamado Antonino peregrinó hacia Jerusalén y visitó la basílica del Monte Sion. Una vez allí vio con sus propios ojos la supuesta lanza original, y digo «original» porque algunas de las reliquias fueron modificadas o introducidas dentro de otros objetos. Uno de los clavos de la Vera Cruz fue fundido y convertido en la punta de una lanza, la cual fue empleada por el emperador Constantino para trazar los límites de la nueva ciudad de Constantinopla. Sea leyenda o no, Constantino luchó en la famosa batalla de Puente Milvio con dicha lanza –posteriormente llamada Lanza de Viena– y salió victorioso, lo cual hizo que la leyenda sobre los poderes de las reliquias tomara más fuerza.

Siglos más tarde, concretamente en el año 614 d. C., Jerusalén fue sitiada por el ejército persa. Como era habitual en esta clase de operaciones bélicas, los persas no tuvieron piedad alguna con la población. Saquearon, destruyeron y asesinaron a todo aquel que encontraron a su paso y, entre las posesiones que tomaron como botín de guerra, se encontraba la lanza de la Vera Cruz. Por fortuna, alguien consiguió robar la punta de la lanza y llevarla consigo a Constantinopla donde fue guardada en la catedral de Hagia Sofia y posteriormente la trasladaron a la capilla de los faraones, también ubicada en esta misma ciudad.

Tras pasar por las manos de varios diligentes del Imperio Bizantino, la lanza llegó a manos de Carlomagno, quien unificaría el antiguo Imperio Romano empleando su poder. Según cuenta la leyenda, este emperador llevó consigo la lanza a 47 batallas en las que venció siempre con honores. Por desgracia un día, mientras cruzaba un arroyo, la lanza cayó y sus tropas se temieron lo peor. Quizás Carlomagno no le quiso dar importancia a este hecho ya que la recuperó de inmediato, pero sus soldados se temieron lo peor. Consideraron que la caída del objeto era una mala señal y, en efecto, lo fue. Poco tiempo después Carlomagno moriría.

Tras su muerte la lanza pasó de mano en mano como un trofeo. Los hombres más poderosos del mundo querían hacerse con ella para obtener más poder o reafirmar el que ya tenían.

En cierto momento, llegaría a manos del rey Enrique I de Sajonia. Este monarca no obtuvo la lanza como trofeo de guerra sino a través de un trueque por ella: la ciudad de Basilea a cambio del poder infinito de la lanza, que se convertiría en un símbolo del imperio. Para todo aquel que creyera en el poder de esta arma poseerla era sinónimo de tener la aprobación de Dios y, por lo tanto, si eras un gobernante, tu pueblo sabía que el poder de la divinidad estaría de tu lado durante todo tu mandato.

Como cabría de esperar, esta reliquia pasó a manos del hijo de Enrique I, Otón I de Germania, quien la portaría durante todas las batallas a las que se vio obligado a asistir. La leyenda cuenta que la lanza le otorgó la victoria contra los húngaros y los polacos, ayudándole así a convertirse en emperador. Con todas estas hazañas sobre sus hombros, Otón I hizo que la lanza pasara de generación en generación hasta llegar a manos de Enrique IV, quien le dio una pátina de plata y mandó grabar sobre ella inscripciones conmemorativas.

Hasta este momento hemos hablado de dos lanzas, la de Longinos y la que creó el emperador Constantino a partir de los clavos de la Vera Cruz pero, durante el reinado de Enrique IV del Sacro Imperio Romano Germánico, se creó una tercera lanza: la lanza de Echmiadzin.

Entre los años 1095 y 1291 se llevaron a cabo las famosas cruzadas, sangrientas campañas bélicas promovidas por la Iglesia católica y sus devotos para reclamar Tierra Santa a los musulmanes. Miles de hombres fallecieron en su lucha por defender y recuperar los lugares sagrados, y todos y cada uno de los hombres que alzaban sus espadas creían estar matando en el nombre de algo superior a ellos.

Concretamente, entre los años 1097 y 1098, en mitad de este fiero conflicto, aconteció un evento que cambiaría el curso de la historia. La ciudad de Antioquía fue sitiada por los cristianos y resistió durante ocho meses. Sin embargo, tras dicho período, finalmente sus habitantes se rindieron y dejaron entrar a los soldados a su interior. Lamentablemente éste no sería el fin del enfrentamiento pues, en realidad, aquello fue una trampa.

Al entrar los cristianos en Antioquía un grandioso ejército turco se aproximó hasta los muros de la ciudad e inició un terrible ataque. Este segundo asedio fue tan espantoso que los cristianos lentamente se fueron quedando sin agua y sin comida y sus cuerpos desfallecían llenando las calles con sus cadáveres. Todo parecía perdido cuando, según cuenta la leyenda, un campesino llamado Pedro Bartolomé, tuvo una visión. En ésta supuestamente se le apareció san Andrés y le dijo que, enterrada bajo el suelo de la basílica de Antioquía, se encontraba la famosa lanza de Longinos. Le habló de la importancia de esta arma y de que con ella saldrían victoriosos de aquella situación, así que el hombre, al despertar, convenció a los soldados cristianos para que excavaran en el interior de la basílica.

Milagrosamente, la lanza se encontraba en el lugar exacto donde san Andrés indicó y, por increíble que parezca, ayudó a un ejército debilitado y condenado a resurgir de sus cenizas. Los soldados, confiando ciegamente en los poderes místicos de la lanza, alzaron sus espadas y se enfrentaron con las pocas fuerzas que tenían al ejército turco. La lucha fue terrible y cientos de personas cayeron por causa de ésta, pero, contra todo pronóstico, los cristianos salieron victoriosos y se abrieron paso en la conquista de Jerusalén.

Tras vencer al ejército turco, la palabra de Pedro Bartolomé fue puesta en entredicho. Muchos cristianos creyeron que la lanza de Viena no era auténtica y que, pese a haber tenido a Dios de su lado durante el enfrentamiento, el objeto no poseía ningún poder especial. «¿Realmente Pedro tuvo aquella visión?», se preguntarían unos. «La lanza no parece tener ningún poder especial, ¿será una verdadera reliquia o un fraude?», se preguntarían otros.

Muchas personas creían firmemente que el objeto no había captado la atención de la divinidad, sino que lo habían hecho las plegarias de todos los cristianos que se encontraron en mitad del conflicto. Por ello decidieron que, para descubrir la verdad debían someter a Pedro Bartolomé a una ordalía.

Los cruzados prepararon dos muros de fuego y le pidieron a Pedro que los atravesara portando la lanza consigo para demostrar que su historia era cierta. Si decía la verdad, podría atravesarlos sin ningún tipo de problema pues el inconmensurable poder de la lanza le protegería, pero si era incapaz de hacerlo, demostraría que se trataba de un fraude. Por increíble que pueda parecer el hombre logró atravesarlos pero, tan sólo 12 días más tarde, falleció a causa de la gravedad de las quemaduras sufridas. A raíz de este trágico desenlace, la lanza fue perdiendo interés pues los cristianos dejaron de creer en su historia.

Siguiendo el hilo cronológico, debemos volver la mirada hacia la supuesta Lanza de Constantino. Y es que se dice que, durante el siglo XIV, sobre el baño de plata que el emperador llevó a cabo se realizó otro en oro y sobre éste se grabó una inscripción que decía: «Lanza y clavo del Señor». No se sabe a ciencia cierta si ésta pudo ser la auténtica lanza de Constantino pues los expertos no se acaban de poner de acuerdo, pero lo que sí está claro es que muchos confiaron ciegamente en el poder que ésta poseía.

Carlos IV, rey de los germanos y aspirante al trono imperial, necesitaba poseer reliquias para dar notoriedad a su reinado. Cuantas más tuviera de su lado más difícil de vencer sería su ejército por lo que, en cierto momento, mandó construir un castillo a las afueras de Praga para albergar allí su particular colección. Por desgracia, todos sus tesoros fueron desapareciendo en manos de sus sucesores y, entre dichos objetos, se encontraba la famosa lanza de Constantino, la cual fue vendida a Nuremberg a principios del siglo xv. A partir de entonces, la reliquia se convirtió en un reclamo de un negocio que sería muy popular en aquellos tiempos: la «exhibición de reliquias». Consistía en exponer objetos de índole religiosa y/o mística para satisfacer la curiosidad de unos pocos curiosos a cambio de donaciones y, cabe decir que, durante el tiempo en el que esto duró la lanza del emperador fue de los objetos más cotizados.

Por suerte o por desgracia, cuando el negocio perdió interés, alguien cogió esta lanza y la depositó en el interior de un cofre de plata ornamentada donde permaneció escondida durante alrededor de 400 años.

En 1796, el gran Napoleón Bonaparte llegó con sus tropas a Nuremberg, y todo aquel que creía en el poder de la lanza se temió lo peor. Si él se hacía con la reliquia y realmente era tan poderosa como suponían, se volvería invencible. Por ello, tomaron la decisión de llevarla a Viena y esconderla allí hasta que todo pasara. Por desgracia, la lanza estuvo escondida por más de 100 años hasta que cayó en manos de alguien que pasaría a la historia por masacrar a millones de inocentes: Adolf Hitler.

En el año 1938, los nazis llevaron a cabo la *Anschluss* es decir, la anexión de Austria a Alemania. Con esta operación, el dictador podría haber llegado a conseguir la ansiada reliquia. Según cuentan, Adolf Hitler estaba convencido del poder de las reliquias sagradas y estaba completamente obsesionado con obtener el mayor número posible de objetos de poder. Quería encontrar el santo grial, el arca perdida, una astilla de la Vera Cruz… Quería encontrar todo lo que tuviera relación con la pasión de Cristo y con algunos de los capítulos bíblicos pues estaba seguro de que, teniendo todo el poder de Dios de su lado, nada ni nadie podría detenerle.

Se dice que cuando Hitler entró en Austria, durante la tarde del 14 de marzo de 1938, se dirigió junto al infame jefe de las SS, Heinrich Himmler, al palacio de Hofburg, donde se hallaba la lanza. Una vez allí, dejó a Himmler en la sala principal y pasó una hora entera a solas con esta reliquia. Tras ello anunció que retornaría la lanza a Nuremberg y, con la autorización pertinente, el 15 de marzo de aquel mismo año, tomó el objeto y lo convirtió en su posesión más preciada.

Lo más curioso de este hecho es que el día en el que el führer se hizo con la reliquia era san Longinos, con lo cual muchos autores le dieron un sentido más profundo a esta leyenda. Se cuenta que Hitler estaba obsesionado con la lanza desde años atrás. Aseguran que la vio por primera vez en 1908 cuando, durante su etapa de pintor en Austria, visitó el museo del palacio de Hofburg. Una vez allí contempló con sus propios ojos la magnificencia de este objeto y soñó con poseerlo algún día.

Muchos dicen que, con sólo contemplarla, supo exactamente lo que tenía que hacer. Recibió una revelación que marcaría un antes y un después en la historia de la humanidad. Tras hacer su sueño realidad, el führer se llevó la lanza de vuelta a Nuremberg, pero no lo hizo porque fue su obligación sino porque aquél en realidad era un lugar muy importante en su gobierno. En la ciudad bávara llevaba a cabo importantes mítines políticos, las masas le aclamaban y mostraba todo su poder militar ante sus seguidores. Tener la lanza junto a él durante sus discursos subrayaba la importancia de su labor y daba la impresión a quienes le apoyaban de que en él renacía la esencia del Sacro Imperio.

Incluso durante los desfiles militares, muchos soldados vestían con atuendos medievales queriendo evocar que el pasado volvía a estar presente y a reclamar el lugar que le fue arrebatado. Ciertamente, las campañas bélicas de Adolf Hitler dieron comienzo con mucha fuerza: arrasando territorios y acabando a una velocidad increíble con casi toda Francia, uno de los enemigos a los que el führer les guardaba más rencor debido a las consecuencias de la Primera Guerra Mundial.

Pese a que todo parecía estar a su favor, una serie de errores hicieron que poco a poco se detuviera su avance. Como todos sabemos, los nazis perdieron la guerra pero, antes de hacerlo, convirtieron todo lo que pisaron en escombros. Escombros tanto arquitectónicos como emocionales. Millones de personas sufrieron el terror del conflicto y ya no sólo por el hecho de perder a sus padres y hermanos en el frente, o por las bombas que cayeron sobre sus cabezas, sino por las torturas y vejaciones a las que fueron sometidas en los terribles campos de concentración.

Durante el caos del desmoronamiento de la Alemania nazi no sólo se perdieron cientos de miles de vidas humanas sino que, al mismo tiempo, también se perdió la pista de la mítica lanza. Durante varios meses estuvo desaparecida. Se la buscó por cielo, tierra y mar y, finalmente, apareció de la mano de un hombre llamado Walter Horn.

Horn nació en Alemania en 1908 y se formó como un erudito medievalista especializado en las reliquias del Sacro Imperio Romano. Sin embargo, cuando Hitler llegó al poder, se dio cuenta de que el mundo que conocía se estaba viniendo abajo, por ello, antes de que fuera tarde para él decidió huir a Estados Unidos. Y es que no sólo temía por su destino al quedarse en Alemania, sino que además era del todo consciente de que las SS, sabiendo que él poseía valiosos conocimientos relacionados con las reliquias, tratarían de reclutarlo para hacerse con ellas. Sin embargo, fue mucho más rápido que ellos y logró escapar a tiempo.

Durante la Segunda Guerra Mundial, los conocimientos de Horn resultaron ser de gran utilidad pero no de la forma en que las SS hubieran esperado. El bando aliado se hizo con sus conocimientos y lo destinaron a una unidad especial dedicada a buscar y dar importancia al patrimonio antiguo alemán. En cierto punto, el autor fue enviado a Bélgica para interrogar a múltiples prisioneros con la finalidad de descubrir si alguno de ellos conocía el paradero de las joyas de la corona del Sacro Imperio Romano y las obras de arte que fueron saqueadas por los alemanes. Fue de este modo como Horn llegó a entrar en contacto con un prisionero llamado Fritz-Hübert quien, al parecer, se había dedicado únicamente a trasladar cajas de munición alemanas en el interior de sus almacenes.

El interrogatorio, en un comienzo, daba la impresión de ser una absoluta pérdida de tiempo. Sin embargo, debido a que Fritz-Hübert era un hombre de avanzada edad, Horn sintió piedad por él y le acabó ofreciendo un café y un cigarrillo.

—¿Le gusta el arte, señor? –preguntaría el soldado, ignorando por completo el doctorado en Historia del Arte que tenía su interlocutor.

—En efecto –respondería Horn, cruzándose de brazos e inclinando ligeramente la cabeza hacia un lado.

Fue entonces cuando daría comienzo una intensa conversación llena de increíbles sorpresas. Fritz-Hübert rebeló, sin ser consciente de la importancia que tenían sus palabras, el paradero de una colección de obras que se encontraba escondida bajo el castillo de Nuremberg. El militar comenzó a describir con todo lujo de detalle las obras que allí se encontraban pero, de todas las piezas que describió, a Horn le llamó la atención una en particular: una punta de lanza romana. No había la menor duda, aquel hombre estaba describiendo las joyas de la corona del Sacro Imperio Romano.

El soldado relató, además, que su padre había trabajado allí por orden de Himmler y que había creado un sistema de ventilación especial para la cámara secreta en la que se encontraban todas aquellas joyas. También describió que, para llegar hasta allí, había que atravesar un gran sistema de pasadizos subterráneos que emergían desde una pequeña tienda de antigüedades.

Al recibir estos datos Horn llamó rápidamente a sus superiores y les pidió que tuvieran cuidado al bombardear Nuremberg pues, si lo hacían, probablemente destruirían uno de los mayores tesoros de la historia. De inmediato se destinó una unidad especial para que buscara dicha cámara entre los escombros de la ciudad y, cabe decir que, pese a que fue muy complicado hacerlo, un soldado acabó encontrado una grieta en un muro que se abría paso hacia un largo y oscuro túnel.

Al avanzar por aquel extraño camino se dio cuenta de que, al final de éste, se hallaba una impenetrable puerta de acero de considerable grosor. Hicieron todo lo posible por abrirla y, tras probarlo todo, finalmente consiguieron abrirse paso a través de ella y descubrieron una colección perfectamente conservada. La cámara secreta había aguantado en pie durante varios meses y ningún elemento que se encontrara en su interior había sido alterado lo más mínimo durante los bombardeos.

Una vez finalizada la guerra y habiendo recuperado todas las obras, éstas fueron devueltas a sus lugares de origen pero, la misteriosa lanza, pese a pertenecer a Austria, jamás regresó allí. El general George Patton, quien dirigió la operación de rescate, decidió que aquella pieza no era arte sino un símbolo de guerra que merecía quedarse como un trofeo. Esta decisión causó una terrible disputa entre él y su superior, el general Dwight D. Eisenhower, quien posteriormente se convertiría en el trigésimo cuarto presidente de Estados Unidos.

Justo cuando ambos estaban a punto de tomar una decisión al respecto, el general Patton falleció a causa de un terrible accidente de tráfico y la lanza regresó a Viena, lugar donde actualmente continúa descansando y gracias al cual se la conoce como «Lanza de Viena».

Otra lanza que merece ser nombrada es una cuyo origen se cree bastante definido y es la que se encuentra en Polonia, concretamente en la ciudad de Cracovia. Los expertos consideran que se trata de una copia realizada durante el reinado de Enrique II, quien fue poseedor de la lanza de Viena. Según algunas fuentes, todo parece indicar que fue creada a partir de algunas astillas de la lanza original y que Otón III, siguiendo los pasos de su predecesor, realizó una copia que sería entregada a Boleslao I el Bravo, y sería esta la lanza que encontramos hoy en día en la ciudad polaca.

Se dice que la lanza de Cracovia era guardada celosamente en el castillo real y únicamente era mostrada al público en ocasiones especiales. Algo muy similar a lo que ocurre con otra lanza misteriosa, la del Vaticano. Esta lanza se exponía a los fieles durante determinadas liturgias pero, en cierto momento, se abandonó esta práctica, suscitando algunas dudas al respecto. Múltiples expertos solicitaron permiso para analizarla, pero la Santa Sede se negó una vez tras otra.

Algunas fuentes dicen que existen gran cantidad de lanzas, e incluso otras reliquias que poseen un gran poder pero, con el pasar de los siglos, toda la información relacionada con dichos objetos se ha ido distorsionando y modificando. Cada uno tiene su propia versión de los hechos y, dependiendo de la fuente consultada, los propietarios de cada una de las lanzas consideran que la suya es la auténtica, pero ¿serán todas verdaderas o alguna será una simple réplica de las míticas lanzas?

PARA SABER MÁS

GONZÁLEZ GUTIÉRREZ, JOSÉ GREGORIO: *Magia, ocultismo y sociedades secretas en el Tercer Reich.* Editorial Almuzara, 2020.

DE VORAGINE, JACOBO: La leyenda dorada: (vidas de Santos). Editorial Maxtor, 2017.

https://es.aleteia.org/2016/09/08/san-longinos-la-lanza-que-hirio-a-cristo-y-al-poder-de-hitler/

www.youtube.com/watch?v=MxEDB-Edfak

https://reliquiosamente.com/2017/06/26/la-lanza-de-antioquia/

www.abc.es/historia/abci-hitler-busqueda-lanza-cristo-201211020000_noticia.html

www.youtube.com/watch?v=bCF0opu6ctw

https://st.ilsole24ore.com/art/cultura/2011-11-27/ladri-sacro-romano-reich-081632_PRN.shtml

LA PIEDRA FILOSOFAL

Jamás imaginé que un día escribiría para vosotros a cerca de la piedra filosofal. Recuerdo que la primera vez que escuché hablar de ella fue cuando tenía nueve años. Por aquel entonces, me fascinaban las leyendas e historias fantásticas sobre magos y brujas y, como cabría de esperar, cuando estrenaron la película *Harry Potter y la piedra filosofal*, supliqué a mis padres que me llevaran a verla.

Recuerdo haberle dado vueltas una y otra vez a la idea de cómo sería la vida si algo así existiera realmente, y me imaginé siendo Harry y descubriendo la piedra. Sin embargo, como cabría de esperar, a medida que fui creciendo dejé de soñar y asumí que ese elemento no era más que fruto de la imaginación de J. K. Rowling.

El tiempo pasó y ya creí haber olvidado definitivamente la piedra cuando, en mitad de un tour recorriendo las calles de París, un guía turístico comenzó a hablarnos a cerca de Nicolás Flamel. Recuerdo que lo miré extrañada pues aquel nombre me resultaba muy familiar y no sabía muy bien por qué. Pero, en cuanto comenzó a hablar sobre la piedra filosofal, quedé totalmente absorta en la explicación.

Al parecer, la historia que nos contaron en la exitosa saga de libros, y posteriormente en las películas, se basaba en algo más que una simple leyenda. Fue una esperanza que llevó a muchos a recorrer el mundo entero en busca de la eternidad.

Para conocer la verdadera historia de la piedra filosofal antes debemos saber lo que es la alquimia: la alquimia es el estudio experimental de los distintos fenómenos químicos con el objetivo de revelar información relacionada con la materia y las propiedades de ésta. Algunos eruditos sitúan sus orígenes en los albores de los tiempos y otros afirman que comenzó a desarrollarse durante el siglo III a. C., en la antigua Alejandría. Se considera que su origen se remonta al reinado del faraón Keops, de quien se dice que desarrolló el primer tratado alquimista.

De esta etapa a duras penas hay vestigios, y lo poco que sabemos nos es legado por los filósofos griegos que recuperaron información de los antiguos egipcios. Por ello la alquimia que llegó hasta nuestros días parece ser una mezcla entre la filosofía griega, la tecnología egipcia y el misticismo oriental. Asimismo, la alquimia se fundamentaba en la astrología, la espiritualidad, la física y la química. Era una combinación entre la ciencia y la magia que buscaba hacer realidad los anhelos de los seres humanos.

Con el pasar de los siglos se convirtió en una práctica muy popular durante los primeros períodos de las civilizaciones más importantes de la historia. En un inicio, la principal finalidad de esta corriente era lograr crear la piedra filosofal, un elemento mítico con la capacidad de transmutar cualquier metal en oro. Esta piedra, aparentemente, tenía un poder inconmensurable. Era capaz de cambiar la vida de su portador de mil formas distintas, pues o bien convertía todo lo que tocaba en oro o bien era capaz de curar cualquier enfermedad. El simple roce de la piel con la piedra podía cambiar todo el curso de la historia.

Debido a su secretismo, mucha información sobre las obras de los alquimistas y sus descubrimientos siguen siendo desconocida para nosotros. Por una parte, los alquimistas transmitían oralmente la información sobre sus investigaciones y, por otra, cuando la ponían por escrito en tratados, usaban un lenguaje encriptado que sólo ellos podían entender. Además, muchos de sus textos se han perdido de forma trágica en las arenas de la historia.

En el año 292 d. C., por orden del general Diocleciano –posteriormente emperador–, las tropas romanas asediaron Alejandría y provocaron un terrible incendio que redujo a cenizas su gran biblioteca. Este lugar albergaba una de las colecciones más importantes y prestigiosas de la Antigüedad, y algunos se atreven a decir que entre sus obras se encontraban textos alquímicos que podrían haber cambiado el curso de la historia.

Con el pasar de los siglos esta historia acabó desdibujándose y, al hacerse público el descubrimiento de la piedra filosofal, ésta se acabó convirtiendo en un cuento para niños. En este punto muchos os preguntaréis: «¿Y nunca se supo realmente si los alquimistas existieron?» o «¿Y si toda la historia de la alquimia no es más que pura fantasía?».

La respuesta a vuestros interrogantes es la misma en ambas ocasiones: sí, la alquimia fue real.

Fueron muchos los hombres que se atrevieron a experimentar y que hicieron todo lo posible por encontrar respuestas a lo que, en su tiempo, no parecía tenerlas. Pese a ello cabe decir que, generalmente, en sus experimentos acababan encontrando cosas que no buscaban.

Uno de los alquimistas más famosos fue Zósimo de Panópolis, quien sería autor de los libros más antiguos sobre la práctica de la alquimia. Él fue quien explicó que la alquimia tiene su origen en Egipto y que era practicada únicamente por los sacerdotes. Otro alquimista de leyenda fue Hermes Trismegisto, quien según el relato tradicional fue autor de la llamada *Tabla Esmeralda*, un escrito muy breve y encriptado donde se resume el arte de la llamada *Opus Magnum*, un término empleado en la alquimia para referirse al proceso de creación de la piedra filosofal.

Sin embargo, quien nos interesa en el presente capítulo no es otro que el célebre Nicolás Flamel, el alquimista a quien se le atribuyó el descubrimiento de la piedra filosofal. Flamel nació en 1330 en Pontoise, Francia, pero poco se sabe a cerca de sus orígenes. Se desconoce si provenía de una familia pudiente o humilde, pero lo que está claro es que en cierto momento comenzó a trabajar como copista en una tienda de reducidas proporciones junto a la iglesia de Saint-Jacques-la-Boucherie, ubicada en la rue des Escrivains, en París.

Se dice que era un hombre con grandes conocimientos para su época y que comprendía perfectamente el latín. En un determinado momento, contrajo nupcias con una viuda llamada Perenelle. Hacia 1360, compró una casa ubicada en la esquina de la rue des Ecrivains con la rue de Marivaus, y en la planta inferior de ésta instaló su nuevo taller.

Fue entonces cuando los rumores comenzaron a surgir, pues muchos decían que el librero tenía un secreto que lo haría inmensamente rico y poderoso.

Es en este punto cuando la leyenda y la realidad se entrelazan de un modo casi hipnótico. Se dice que cinco años antes de hacerse con esta propiedad, Nicolás Flamel adquirió un libro alquímico por valor de dos florines. Algunas versiones de la historia cuentan que le compró el libro a un desconocido, otras que en realidad se lo entregó un ángel mientras dormía y, finalmente, se dice que lo compró al azar en un lugar cualquiera. Pese a la gran cantidad de versiones de la historia, prácticamente todas parecen señalar que aquél, a simple vista, ya se veía que no era un libro normal y corriente.

Cuentan que su portada estaba recubierta de cobre y que en su interior había siete láminas de metal con símbolos casi imposibles de descifrar, al igual que las palabras que los acompañaban. ¿Qué lengua era aquélla? ¿Acaso se trataba de un texto encriptado? Flamel supuestamente no lo tenía claro y pasó 21 años de su vida intentando averiguarlo. Estaba convencido de que si aquel libro era tan extraño era porque ocultaba un gran secreto.

Noche tras noche, Flamel se sentaba en su escritorio y, a la luz de las velas, intentaba buscar sentido a lo que leía. Su desesperación fue tal que intentó buscar comparaciones con otros libros que pudiera poseer en su librería pero, al no encontrar nada que aliviara su pesar, decidió empacar sus pertenencias y partir rumbo a España. En aquellos tiempos se decía que en las universidades españolas se llevaban a cabo las mejores traducciones del griego antiguo, por ello, creyó que si buscaba allí encontraría las respuestas que estaba buscando, y cabe decir que las encontró.

Al parecer, en la ciudad de León, dio con el maestro Canches, un rabino supuestamente descendiente de Moisés de León, quien según algunos eruditos fue el autor del *Zohar*, la principal obra de la Cábala. Una vez en su presencia, Flamel le mostró el misterioso libro y el rabino se empleó en traducirlo.

Tal y como el alquimista había imaginado, aquel extraño libro guardaba un misterioso secreto. Un secreto que tan sólo unos pocos afortunados serían capaces de conocer. Hablaba sobre la transmutación, los homúnculos y sobre lo que todo ser humano ansiaba: la creación de la piedra filosofal.

«Debo poner en práctica los consejos aquí plasmados», debió de pensar para sus adentros. «Si funcionan cambiaré el curso de la historia y, si fallan, jamás nadie lo sabrá».

Según cuentan, el 17 de enero de 1382, tras muchos intentos, Nicolás Flamel fue capaz de convertir media libra de mercurio en plata y meses más tarde, concretamente el 25 de abril, transformó mercurio en oro. Gracias a sus experimentos, pronto el apellido Flamel ganaría una gran importancia en España y acumularía una gran fortuna sobre la cual llegó a hablar en un libro que escribiría siete años más tarde, *El libro de las figuras jeroglíficas*. Este libro, a diferencia de lo que podáis pensar, no revela la fórmula de la piedra filosofal sino su camino hasta llegar a encontrarlas, tanto a ella como a su fortuna.

Lo intrigante de esta historia es que Flamel, como cabría esperar, no revela en ningún momento cómo se crea la piedra filosofal. No muestra la fórmula exacta ni tampoco da detalles sobre dónde encontrar el libro que le mostró cómo obtener el éxito, pero no os preocupéis que, más adelante, volveremos a este punto.

Hacia el año de 1382, Flamel y su esposa regresaron a París y comenzaron a financiar la construcción de capillas, asilos y hospitales por toda la ciudad. Ninguno de sus antiguos amigos se explicaba de dónde había podido sacar tanto dinero. ¿Acaso los libros eran capaces de ofrecer a sus propietarios grandes fortunas? ¿Tal vez Flamel había vendido su alma al Diablo? Los rumores rápidamente comenzaron a surgir y llegaron a oídos del mismísimo Carlos VI de Francia quien, en cuanto tuvo la oportunidad, mandó a llamar al alquimista. La conversación que mantuvieron –si es que ese encuentro realmente llegó a producirse– giró en torno a la misteriosa piedra filosofal. Probablemente el monarca le haría mil preguntas, las mismas que el pueblo francés se estaría haciendo, y el alquimista no respondería a ninguna de ellas con claridad.

Algunos dicen que, sin revelar sus secretos, Flamel aportó su oro mágico a las arcas reales y después de eso decidió emplear los años de vida que le quedaban en hacer el bien.

En el año 1407, Flamel y su esposa mandaron construir una casa muy especial. Era una casa aparentemente sencilla, pero su interior se convirtió en un refugio para personas sin techo. La planta inferior, como era costumbre, estaba dedicada al comercio, pero las plantas superiores daban cobijo a personas sin recursos. No era necesario pagar por quedarse a dormir en el edificio, pues con rezar un Padrenuestro y un Ave María por la mañana y por la noche el matrimonio Flamel estaba encantado de recibirte.

De hecho, la propia fachada del edificio revelaba las intenciones del matrimonio. Si prestamos atención a los símbolos y escritos podemos ver que allí, frente a nuestros ojos, se encuentran unos ángeles tallados con las iniciales N y F, en honor a Nicolás Flamel. Además, aparte de estos detalles, encontramos una inscripción que invita a todo aquel que quiera pasar la noche allí a rezar: «Nous homes et femes laboureurs demourans ou porche de ceste maison qui fut fet en lan de grace mil quatre cens et sept somes tenus chascun en droit soy dire tous les jours un patenostre et un ave maria en priant Dieu q de sa grace face pardo aus povres pescheurs trepassés Amen».

Si su historia hubiera terminado aquí, sin atisbo de dudas, habría tenido un final feliz. Sin embargo, estamos hablando del legendario Nicolás Flamel, y un final así no habría tenido mucho sentido en relación a la mítica hazaña que llevó a cabo.

Las leyendas cuentan que, en los sótanos de esta morada, él y su esposa trabajaron incansablemente en la elaboración de la pócima de la inmortalidad. Habían obtenido la plata y el oro y ahora tan sólo les faltaba conseguir el elixir que impidiera que sus cuerpos siguieran marchitándose. Los años pasaron y todo París se mordía las uñas deseando saber cómo terminaría esta historia. ¿Lo lograrían? ¿Sería Flamel capaz de crear el elixir de la inmortalidad?

Sin embargo, un día de 1410, del número 51 de la calle Montmorency, salieron varios hombres cargando un ataúd. La esposa de Nicolás Flamel había fallecido y él, ahogándose en un mar de lágrimas, no podía dejar de lamentarse por no haber logrado crear el elixir de la vida eterna. Finalmente, en 1418, las puertas de aquella casa volvieron a abrirse para dejar paso a un segundo ataúd: el de Nicolás Flamel.

Todo París resoplaría en aquel preciso instante pues, si aquel gran hombre no había conseguido vivir por siempre, nadie más podría. Si bien el alquimista llegó a vivir hasta los 88 años, edad muy avanzada para su tiempo, no había conseguido librarse de la visita de la dama oscura, así que muchos decidieron abandonar la creencia en la inmortalidad.

Cientos de personas comenzaron a peregrinar hasta el cementerio de St. Jacques de la Boucherie, lugar donde el matrimonio fue enterrado, en busca de respuestas. Algunos se limitaban a llevarles flores, otros oraban por sus almas y un pequeño grupo de aficionados buscaba entre los elementos decorativos de su tumba algo que los llevase directos a descubrir los secretos mejor guardados del alquimista.

El matrimonio había sido enterrado bajo una losa tallada y esculpida por él mismo y, en ésta, podía leerse lo siguiente: «Buitre al lado, busca el camino, con brillante luz en obscuro día, bajo el reinado del cielo lo perdido se recuperará, a la mitad de obscura reja y esta piedra colocada, sobre una pareja fallecida».

¿Acaso estas palabras no parecen ser un acertijo? Fueron cientos los hombres que intentaron descifrarlo y llegaron a la conclusión de que quizás el texto enviaba a buscar la piedra filosofal a los interesados directamente en las entrañas de París: las catacumbas. Dentro de éstas hay cavernas ocultas, algunas de las cuales presentan todo tipo de relieves por lo que resultaba más que probable que allí, quizás tras el relieve de un ave parecida a un buitre, se encontrara la siguiente pista para llegar hasta el tesoro de Flamel.

Por desgracia, las catacumbas a lo largo de los años fueron víctimas de varios derrumbes y nadie supo jamás ubicar el lugar exacto dónde buscar. Sin embargo, las búsquedas prolongadas empujaron a muchos a pensar que quizás el alquimista y su esposa jamás hubieran fallecido. La gente comenzó a pensar que era más que probable que el matrimonio hubiera encontrado el preciado elixir y hubiera creado toda la leyenda de la búsqueda para desviar la atención y hacer que el pueblo francés se estrujara los sesos en busca de algo que jamás encontrarían, pues tan sólo ellos poseían la piedra filosofal.

Para que os hagáis una idea del impacto que causó este rumor, en el siglo XVII, el arqueólogo y naturalista francés Paul Lucas escribió un libro en el que relataba como, durante un viaje a Uzbekistán, había oído que los Flamel seguían con vida y que se hallaban escondidos en la India. Además, también afirmaba con total seguridad que ninguno de los miembros del matrimonio estaba realmente enterrado bajo la misteriosa lápida. Aquellas palabras hicieron que el mundo entero se echara las manos a la cabeza y exigiera la apertura inmediata del sepulcro.

Como cabría de esperar, los más religiosos se opusieron en rotundo pues perturbar la paz de los muertos era una falta de respeto hacia el más allá. Aun así, aquella negativa suya no hacía más que alimentar la leyenda y, si echamos la vista atrás, recordaremos cuán perseguidos fueron los alquimistas por parte de la Santa Inquisición. La Iglesia católica estaba totalmente en contra de la alquimia y consideraba a sus practicantes unos pecadores que, de forma irremediable, arderían eternamente en el fuego del infierno. Tras llegar a esta conclusión, la Iglesia acabó accediendo a abrir la tumba y, sorpresivamente, se descubrió que allí no había nada. Y con «nada» me refiero a nada en absoluto.

No había cuerpos, no había tesoros y tampoco ningún escrito que pudiera indicar dónde diablos estaban enterrados los cuerpos de Nicolás Flamel y su esposa. Los más escépticos dijeron que aquello era debido a que, probablemente, un grupo de saqueadores abrió la tumba con anterioridad para intentar hacerse con los tesoros del matrimonio, pero todas aquellas personas que creían en los descubrimientos del alquimista lo tuvieron claro: ellos seguían vivos.

En la actualidad, de su tumba únicamente se conserva su lápida, que se encuentra en el Museo de Cluny por lo que, si queréis dar comienzo a vuestra propia búsqueda de la piedra filosofal, ya sabéis cuál debería ser vuestra primera parada.

PARA SABER MÁS

http://jovenvanguardia.blogspot.com/2013/03/la-alquimia-en-el-antiguo-egipto-el.html

http://deviciomagazine.blogspot.com/2014/12/la-quema-de-libros.html

www.centroestudioscervantinos.es/alquimistas/

http://enterateeinformatetv.blogspot.com/2018/11/la-piedra-de-nicolas-flamel.html

http://webcache.googleusercontent.com/search?q=cache:Q1CaLbPBbwQJ:historia-misterio.blogspot.com/2012/01/nicolas-flamel-la-alquimia-y-el-enigma.html+&cd=4&hl=es&ct=clnk&gl=es

https://quimica.laguia2000.com/general/el-surgimiento-e-historia-de-la-alquimia

V

CARTOGRAFÍA
DE LO INSÓLITO

ZONA DEL SILENCIO

Siempre he sido una gran fanática de los programas que tratan sobre métodos de supervivencia. De hecho, cuando descubrí el programa de telerrealidad *Man vs. Wild*, de Discovery Channel, opté por memorizar todas y cada una de las técnicas que su presentador mostraba al mundo, pensando que algún día las necesitaría. Para ser sincera no suelo salir muy a menudo de casa y, las pocas veces que lo hago, no suelo alejarme mucho, pero ¿quién sabe? Quizás algún día me vea envuelta en una aventura a través de la selva amazónica y deba buscar el modo de sobrevivir por mí misma. Lo sé, es muy poco probable que me pase algo así, pero me gusta imaginar otras realidades.

El argumento principal de *Man vs. Wild* se basaba en dejar al presentador en un lugar indómito durante varios días y ver cómo se las arreglaba para sobrevivir: de dónde sacaba la comida, cómo se refugiaba de la lluvia, cómo hacía fuego, etc.

Me gustaba verlo en mitad de la selva enfrentándose a las picaduras de insectos raros, sobreviviendo a las inclemencias del tiempo y transmitiéndole a la cámara cómo se sentía en todo momento, pero quizás lo que más me llamaba la atención era imaginarlo en mitad de un desierto. ¿Cómo se puede sobrevivir en un lugar donde no hay agua ni refugio? ¿A caso es eso posible?

Un día me sorprendí a mí misma buscando información sobre los desiertos más antiguos y peligrosos del planeta y, sin quererlo, me topé con una página que prometía mostrarme el más misterioso de todos. Como siempre sucede, pensé que se trataba de una de esas páginas que emplean el *clickbait*, es decir, una especie de anzuelo para que los usuarios entren y se topen con una noticia que nada tiene que ver con lo que nos están ofreciendo.

Al entrar al artículo no fui capaz de comprender nada pero, a grandes rasgos, entendí que hablaban de un lugar perdido en el desierto que se había convertido en uno de los mayores misterios de la humanidad. Los animales iban allí a morir, las radios dejaban de funcionar y miles de personas aseguraban que en su interior se ocultaban seres de otro mundo. El nombre del enclave me sorprendió y es que, al parecer, debido a que allí las radios dejan de funcionar, alguien decidió bautizarlo como «Zona del Silencio».

La Zona del Silencio es un desierto ubicado entre los estados de Coahuila, Durango y Chihuahua, en México, concretamente en la parte central del Bolsón de Mapimí. Actualmente estas tierras parecen salidas de una antigua película del Oeste pero, en sus orígenes, eran algo completamente distinto a lo que hoy podemos ver. En tiempos prehistóricos, todo este paisaje se encontraba sumergido bajo las aguas de un mar llamado Thetis. Cientos de fósiles de criaturas marinas de pequeña y gran envergadura se pueden encontrar en él.

Durante la Era Cenozoica, se originaron grandes cambios orogénicos en el planeta que provocaron el surgimiento de las grandes masas continentales y, a partir de ese punto, el bello mar que aquí se hallaba fue desapareciendo hasta convertirse en lo que hoy en día es.

Nunca nadie informó de que hubiese ocurrido algún fenómeno anormal aquí. No se hablaba de fantasmas ni de desapariciones extrañas. Simplemente era un desierto como otro cualquiera. Sin embargo, un día de 1930 un piloto mexicano llamado Francisco Sarabia Tinoco, mientras sobrevolaba la zona, se dio cuenta de que su radio se quedó en completo silencio. Este hecho alertó rápidamente al control de tráfico aéreo, pues sin poder comunicarse con el aviador no sabían si tenía algún problema o si había sufrido un accidente.

Sarabia lo intentó todo y viendo que no había forma alguna de recuperar la conexión se vio obligado a realizar un aterrizaje de emergencia. Por suerte, logró sobrevivir a este percance, pero por más que intentó saber qué había sucedido exactamente fue incapaz de salir de dudas.

Ante este evento muchos podríamos imaginar que la Zona del Silencio se haría increíblemente famosa, que miles de turistas viajarían hasta allí para ver si eran capaces de experimentar lo mismo, pero lo cierto es que nada de eso ocurrió. El incidente se quedó en un simple susto y el mundo volvió a olvidar este solitario rincón del planeta.

El 5 de febrero de 1969, la antigua Unión Soviética llevó a cabo una complicada operación espacial. Enviaron al planeta Venus una sonda llamada «Venera 5» para estudiar la atmósfera de dicho planeta y, cuando ésta se encontraba en camino a su destino, un meteorito amenazó con colisionar contra ella. Rápidamente la NASA avisó al centro espacial soviético de lo que estaba a punto de ocurrir e intentaron desviar la trayectoria de la sonda, pero, aunque parezca increíble, el meteorito también modificó la suya para evitar esa colisión. Tras esquivar el choque, el meteorito dio una vuelta casi completa a la Tierra y comenzó a caer sobre la atmósfera de la Zona del Silencio, concretamente en el Valle de Allende, en Chihuahua.

Este meteorito, debido a su cambio de trayectoria y recorrido posterior, recibió el calificativo de «meteorito razonante», pues dio la impresión a los expertos de que sabía perfectamente lo que estaba haciendo. El evento no sólo resulta insólito por esto sino porque, además, tras analizar la composición del aerolito, se dieron cuenta de que contenía componentes que no se podía encontrar en nuestro sistema solar y que le daban una edad estimada de 4610 millones de años.

La zona volvió a salir en los periódicos el 11 de julio de 1970 cuando la NASA decidió llevar a cabo una operación que convertiría estas tierras en toda una leyenda. Desde una base militar ubicada cerca de Green River, en el estado de Utah, lanzaron un misil de pruebas Athena en dirección al Campo de Misiles de Arenas Blancas. Este lugar se ubica en Nuevo México y es una gran extensión de terreno utilizada para llevar a cabo todo tipo de pruebas. Es probable que la operación se hubiera realizado con anterioridad con otros misiles, pero en esta ocasión la cosa no saldría como esperaban. La trayectoria del Athena se desvió misteriosamente e impactó en la Zona del Silencio, la cual se ubicaba a 400 kilómetros al sur de su auténtico destino.

En un inicio éste habría sido un evento alarmante, pero el misil había caído en una zona aparentemente deshabitada, así que no habría graves problemas. Por desgracia, el Athena transportaba dos contenedores de cobalto 57, un elemento químico altamente radiactivo, por tanto, si querían evitar una catástrofe debían actuar lo antes posible.

Durante tres semanas el ejército buscó el misil por cielo y tierra y, cuando lo encontraron, construyeron una carretera para transportar los restos de éste y todos aquellos elementos del paisaje que hubieran entrado en contacto con la carga que transportaba. Por desgracia, la operación no sería tan fácil como os imagináis en estos momentos, y es que todos los pilotos que sobrevolaron el cielo de la Zona del Silencio aseguraron que sus radios perdieron conexión en cuanto se acercaron a su objetivo.

Las radios dejaban de funcionar tanto en al aire como en la tierra y las brújulas se volvían completamente locas. Las rocas de la Zona del Silencio no están compuestas de metales pero, aun así, son capaces de atraerlos, lo cual explicaría el hecho de que la señal de radio desaparezca, las brújulas fallen y los relojes se detengan. «Pero ¿por qué ocurre este fenómeno?», os preguntaréis. Este lugar recibe constantes lluvias de micrometeoritos, los cuales contienen hierro y, todo el tiempo, bañan la zona impregnando con este material a las rocas de la Zona del Silencio y haciendo que se genere un extraño magnetismo, el cual también sería el responsable de que el misil Athena también cayera en este lugar.

Además, para terminar de redondear este extraño cóctel, durante esta operación los expertos se dieron cuenta de que en este lugar se producían extrañas mutaciones de plantas y animales. Había flora y fauna que únicamente se podía encontrar en esta área, especies que se creían extintas todavía vivían en este rincón del planeta.

Siendo éste un lugar tan fascinante muchos lo empezaron a relacionar con otros rincones peculiares del mundo e, inevitablemente, comenzaron a trazar líneas en un mapa. Fue así como se dieron cuenta de que la Zona del Silencio se encontraba alineada a través del paralelo 27 con el misterioso Triángulo de las Bermudas, la cordillera del Himalaya y las famosas pirámides de Egipto, por lo que el mundo entero comenzó a especular. Los tres lugares son conocidos por presentar un extraño magnetismo y por tener una gran importancia a nivel espiritual. Por ello las leyendas no tardaron en dar comienzo.

Una de las historias que más importancia han tenido a lo largo de los años aconteció en octubre de 1975 cuando Josefina y Ernesto Díaz decidieron adentrarse en estas tierras en busca de fósiles. Querían recolectar todos aquellos que les resultaran peculiares o llamativos, pues eran conocedores de cuán extraño y misterioso era el lugar pero, por desgracia, pronto los cielos se empañaron de nubes y amenazaron con inundar todo a su paso.

La climatología de los desiertos puede llegar a ser muy traicionera y peligrosa, y ser víctima de una tormenta allí no es lo mismo que serlo en mitad de una gran ciudad. Los Díaz en cuanto vieron las nubes corrieron hacia el coche y arrancaron el motor pero, antes de que pudieran hacer nada, el agua los atrapó y convirtió la arena que pisaban en un lodo tan espeso que las ruedas no podían deslizarse sobre él.

Algunas versiones dicen que fue el lodo lo que no les permitió avanzar y otras que, en mitad de su huida, una de las ruedas quedó atascada en un agujero, lo cual dificultó en gran medida que siguieran adelante con su recorrido. Sea cual fuere la auténtica versión de esta historia, en un abrir y cerrar de ojos, el vehículo fue rodeado por dos hombres y una mujer altos y rubios que vestían con impermeables de color amarillo y todos ellos, al unísono, empujaron el vehículo para que este pudiera avanzar.

Ante aquel increíble gesto de amabilidad Josefina y Ernesto decidieron, una vez se habían librado del peligro, bajar del vehículo y agradecérselo a sus salvadores. Lo extraño aquí es que, al hacerlo, de aquellas tres personas no había ni rastro. Ni huellas sobre el lodo, ni sus voces, ni sus siluetas en la lejanía… Nada en absoluto.

Experiencias similares a ésta fueron vividas en numerosas ocasiones por diferentes testimonios. Hubo quien, tras perderse en la Zona del Silencio, recibía las indicaciones de estas tres personas, las cuales solían surgir de una extraña neblina o directamente de la nada. No te percatabas de su presencia hasta tenerlos a escasos metros de distancia.

Hay quien dice que estas tres personas suelen aparecerse en algunos ranchos cercanos y que, en un perfecto español, piden amablemente un vaso de agua. Nunca piden comida o alojamiento, y su simpatía y aspecto físico llama rápidamente la atención. Se rumorea que en una ocasión un lugareño intentó entablar conversación con ellos para saber por qué siempre pedían lo mismo y qué hacían allí exactamente. Nadie sabe cómo fue aquella conversación, pero lo que ha pasado a la historia es el final de ésta.

—¿Y ustedes de dónde vienen? —preguntaría el hombre.

—De arriba —pronunciaría uno de ellos.

Nadie sabe si su respuesta fue una broma o si se refería a que provenían del espacio exterior, pero en la actualidad es precisamente éste el sentido que se le ha dado a sus palabras.

El siguiente evento inusual acontecido en la zona se dio el 12 de enero de 1976 cuando un niño de 12 años, llamado Arturo Blanco, trataba de recolocar la cadena de su bicicleta con un amigo suyo. Los pequeños estaban muy entretenidos con su tarea cuando, sin previo aviso, un objeto luminoso atravesó el cielo.

El amigo de Arturo, muy asustado, salió corriendo pero él se quedó y pudo ver con sus propios ojos cómo de este objeto surgían dos seres extraños que, de forma telepática, le dijeron que no tuviera miedo porque «él era uno de los elegidos». Tras el siniestro contacto el pequeño sufrió graves problemas de salud que le llevaron a ser ingresado en un hospital. Tiempo después, decidió contar su experiencia a una revista para aficionados al fenómeno ovni y, durante la entrevista que le realizaron, contó que aquellos seres le otorgaron el poder de la sanación a cambio de que lo empleara para obrar el bien. Por desgracia, en el camino para descubrir cómo utilizarlo, acabó con la vida de varios animales y como castigo enfermó y fue enviado al hospital. En cuanto su historia se dio a conocer, el pequeño recibió un apodo acorde a su don y éste sería el de «el Chivero de las manos divinas».

Resulta complicado acceder a la Zona del Silencio pues orientarse en ella sin la ayuda de brújulas o aparatos electrónicos es una tarea casi imposible pero, pese a ello, son miles los turistas que se adentran todos los años haciendo que las experiencias inexplicables se multipliquen. Muchos viajeros han asegurado que, al caer la noche, luces extrañas hacen acto de presencia en los cielos. Luces que surcan la inmensidad para acabar desapareciendo al llegar al suelo. Esto podría ser normal teniendo en cuenta el magnetismo que se genera en la zona, pero el tema parece enturbiarse cuando los testimonios aseguran que, algunas de las luces que caen del cielo, persiguen a todo aquel que se cruza en su camino.

Son muchos los que aseguran haber fotografiado ovnis en este lugar e incluso captar lo que consideran alienígenas. Pero tan sólo una de las experiencias aquí acontecidas y que tienen relación con el tema ha pasado a la historia: la de un fotógrafo cuyo nombre parece no haber sido identificado. En algún momento de 1976, un hombre se adentró en la Zona del Silencio en busca del misterio. Nadie sabe exactamente qué era lo que pretendía encontrar, pues probablemente, como ocurre con gran parte de los turistas, buscaba ver la gran diversidad de flora y fauna o ver con sus propios ojos que su brújula se volvía completamente loca. Aun así, cuando sacó su cámara de fotos y se dispuso a capturar una imagen del Cerro del Imán, en la instantánea apareció una forma similar a la de una olla.

El último episodio insólito que quería compartir con vosotros fue el vivido por el periodista Luis Ramírez Reyes en noviembre en 1978. En aquellos momentos se disponía a realizar un reportaje sobre las extrañas propiedades del enclave y, tras adentrarse en la Zona del Silencio junto a un fotógrafo, se acabaron perdiendo. Su idea era orientarse siguiendo su intuición, pero ésta les falló y, como les ha ocurrido a tantos otros visitantes, fueron incapaces de encontrar el camino correcto.

Desesperados intentaron buscar un punto de referencia en el horizonte, algo que fuera capaz de indicarles dónde estaban y hacia dónde podían ir. Fue en ese momento cuando Luis Ramírez se percató de la presencia de tres figuras humanoides que caminaban por la zona. Algunas fuentes dicen que ésas eran las tres figuras de las que hemos hablado anteriormente, pero otras aseguran que eran distintas..

Ramírez Reyes pidió al fotógrafo que diera la vuelta al coche para pedir indicaciones a esas tres personas, pero lo extraño fue que el fotógrafo, pese a que le hizo caso, cuando pasó junto a las tres figuras no detuvo el automóvil ni aminoró la marcha. ¿El motivo? Era incapaz de verlas.

Durante largo rato condujeron sin rumbo fijo pero, en cierto momento, volvieron a toparse con ellas. Una vez más el fotógrafo fue incapaz de verlas pero, aun así, siguió las indicaciones de Ramírez Reyes y éste sí consiguió hablar con ellas.

—Disculpen, ¿han visto ustedes un vehículo como el nuestro por aquí? –preguntaría el periodista.

—No –respondería uno de ellos–, el suyo es el único que hemos visto. ¿Necesitan ayuda?

Las tres figuras, con un perfecto español, fueron capaces de indicar el punto exacto que los hombres estaban buscando.

Son muchas las experiencias recogidas en la Zona del Silencio, pero cabe decir que nadie sabe a ciencia cierta si son una realidad o fruto de la imaginación de quienes han visitado el enclave.

Éste sin duda alguna es uno de los lugares más misteriosos del planeta, pero supongo que el único modo de saber si es tan especial como cuentan en visitarlo y experimentar por nosotros mismos esa magia tan especial que la gente asegura que posee.

Lo que sí parece ajustarse más a lo que sucede en el lugar es que los turistas han explotado tanto la extracción de fósiles que, poco a poco, las reservas de éstos se han ido agotando y únicamente los lugareños saben dónde encontrarlos para así realizar su extracción y venderlos.

En el año 1974 en la zona se estableció una reserva de biosfera con la intención de preservar y restaurar la vida en el enclave pues, como he dicho anteriormente, aquí viven una gran cantidad de especies tanto de animales como vegetales que no se encuentran en ninguna otra parte del planeta. Dejarlas a su merced es asegurar su desaparición inminente y, por ello, los expertos deben hacer todo lo posible por evitar que eso ocurra.

PARA SABER MÁS

www.adn40.mx/noticia/cultura/notas/2017-05-01-19-56/has-escuchado-de-la-zona-del-silencio-en-mexico

https://es.theepochtimes.com/conoces-el-misterioso-lugar-de-mexico-donde-se-detienen-los-relojes_219114.html

www.pressreader.com/spain/enigmas/20120726/282029029356343

www.facebook.com/pg/Amigos-del-grupo-IV-104948672875679/photos/?-tab=album&album_id=180593825311163

https://marcianosmx.com/la-zona-del-silencio/

www.mexicodesconocido.com.mx/la-fascinante-zona-del-silencio-durango.html

La Isla de los Muertos

Ésta es una de esas historias que, por más que las escuchas, nunca acabas de creer que sean ciertas. Pero, lamentablemente, el caso de la isla de Poveglia, ubicada en la Laguna de Venecia, norte de Italia, sí lo fue.

Para conocer en profundidad esta aterradora historia debemos remontarnos al siglo v d. C. En aquellos momentos acontecieron gran cantidad de eventos que marcarían un antes y un después en la historia de la humanidad. El Imperio Romano se encontraba asediado por todas partes, y para refugiarse de los posibles ataques tanto de los unos –encabezados por Atila– como de los godos –encabezados por Alarico– decidieron emplear las islas que rodeaban la península itálica.

Según se dice, la isla de Poveglia estuvo poblada desde tiempos remotos y, pese a ser un enclave de relativamente reducidas proporciones, era un lugar muy próspero. La pesca y la agricultura daban siempre muy buenos frutos y sus habitantes eran algunas familias nobles acompañadas por sus esclavos.

En torno a los años 850 y 860, en la isla de Poveglia vivía la familia de Pietro Tradonico, decimotercer dux de Venecia. Por supuesto, esta estirpe no llegó al enclave sola puesto que lo hizo acompañada por una comitiva de 200 sirvientes y todos ellos llegaron aquí junto a sus respectivas familias.

La vida en el enclave debió de ser algo casi idílico. Si bien los sirvientes debían laborar de sol a sol, se dice que en el lugar se respiraba paz y alegría por todos los rincones.

Por desgracia, el día 13 de septiembre del año 864, el dux fue asesinado cuando regresaba de las vísperas de la iglesia de San Zacarías y, aunque los responsables de su muerte fueron apresados y castigados por su falta, quienes también tuvieron que pagar fueron los siervos del dux. La ley estipulaba que los siervos de un noble no podían seguir viviendo en las tierras de éste cuando la muerte lo acogiera en su seno así que, pese a que éstos llevaran toda una vida habitando la isla de Poveglia, se vieron obligados a recoger todas sus pertenencias, abandonar sus casas y no regresar a ellas jamás.

Algunas fuentes dicen que los siervos realmente no vivían en la isla y que, por lo tanto, no se vieron obligados a irse y otras sostienen que mientras algunos se fueron otros decidieron quedarse. Sin embargo, lo que sí está claro es que la mayor movilización que la isla llegó a experimentar fue con el estallido de la guerra de Chioggia, entre los años 1376 y 1381, motivo por el que la República de Venecia se vio obligada a evacuar diversos parajes.

Éste fue uno de los conflictos bélicos más terribles que hubo entre la República de Génova y la de Venecia, pues ambas regiones lucharon entre sí para hacerse con el control del comercio mediterráneo. Venecia poseía uno de los puertos más importantes de aquellos tiempos. Por él pasaban todo tipo de mercancías: productos de primera necesidad, telas, piedras preciosas… Por ello, Génova decidió atacarlo y reducirlo a escombros.

Sin su puerto Venecia no sería nada, se vería obligada a rendirse y a acatar todas las normas que Génova pretendiera imponer. Sin embargo y, como es evidente, los venecianos harían todo lo posible por proteger lo que era suyo. Fue entonces cuando se les ocurrió una brillante idea: proteger Venecia utilizando la posición estratégica de las islas que la rodeaban y entre ellas se encontraba Poveglia.

Esta isla era de dimensiones relativamente reducidas, de hecho, contaba con una extensión de 0,0725 km², lo cual la hacía perfecta como puesto defensivo. Desde su situación podían controlar toda la zona y reducir las tropas enemigas en caso de avistarlas.

Teniendo esto en cuenta, el gobierno ordenó la desocupación tanto de Venecia como de la isla de Poveglia y mandó construir en ella el famoso Octágono, una fortificación desde la cual se podía defender la zona de un modo muy efectivo. Lamentablemente, y pese a que la República de Venecia finalmente salió victoriosa de este conflicto, este paraje quedó prácticamente destruido.

Todos sus edificios se convirtieron en ruinas y sus campos quedaron cubiertos de cenizas. La desolación llegó a ser el único habitante del lugar y, por ello, ya nadie deseó volver a pisar Poveglia. Preferían recordarla por lo que antaño fue y no por aquello en lo que se había convertido.

Con el pasar de los años, los venecianos fueron retomando la confianza en aquellas tierras y se dice que algunos pescadores se subieron a sus barcos y navegaron hasta Poveglia para aprovechar sus tierras. De esta parte de la historia no hay apenas testimonios. Tan sólo contamos con habladurías y vagos rumores, pero teniendo en cuenta que aquél siempre fue un lugar muy apreciado no resulta difícil imaginar que esto pudiera ser cierto.

Durante el siglo XIV se produjo una de las pandemias más terribles de la historia: la peste bubónica, más conocida como la peste negra. Según los registros, a lo largo de los siglos surgieron distintas oleadas pero, de entre todas ellas, los expertos consideran que hubo tres brotes marcados; el primero se originó en el siglo VI d. C., el segundo aconteció entre los años 1340 y 1400 y, el tercero, fue a mediados del siglo XIX.

Fue precisamente durante el segundo brote cuando la isla de Poveglia se convirtió en un lugar clave para retener el avance de la enfermedad o, por lo menos, para intentarlo.

La peste negra se originó en el continente asiático con la aparición de una bacteria llamada *Yersinia pestis* –llamada así en honor a su descubridor, el bacteriólogo Alexandre Yersin–, que infectó a miles de ratas.

El auténtico problema llegó cuando aquellas ratas anidaron en el interior de distintos buques de carga y, sin que nadie fuera consciente de este peligro, viajaron a través de las rutas de comercio marítimo desembarcando en todos los puertos europeos. Poco a poco las ratas se adentraron en las ciudades más importantes del mundo y sus pulgas fueron pasando la bacteria de animales a seres humanos. Lentamente, la cadena de contagio se fue haciendo más y más grande, y a ésta se sumó también la intervención de los mosquitos, los cuales, tras picar a una persona infectada, revoloteaban hasta hincar su probóscide en la piel de quienes no lo estaban.

La falta de higiene también fue otro factor que contribuyó a la proliferación de todo tipo de infecciones. Los desechos eran lanzados por las ventanas al son de la famosa expresión «¡Gardy loo!», las calles estaban cubiertas de heces, las personas ni tan siquiera se lavaban las manos antes de comer o después de hacer sus necesidades, y aquello hizo que en las escenas más cotidianas todos los hombres, mujeres y niños pudieran estar jugándose la vida.

«¡Qué exageración!», pensaréis. «¡No creo que esto sea para tanto!». Pero lo cierto es que sí lo fue. Diariamente y sin saberlo, decenas de miles de personas engullían gran cantidad de bacterias que, una vez en el interior de sus organismos, se convertían en terribles enfermedades que en pocos días acababan con sus vidas.

Pero, como cabría de esperar, esto no es todo.

Volviendo al tema que nos atañe, la peste negra, recordaremos que las ratas fueron las principales causantes de que la enfermedad se trasladara desde el continente asiático hasta toda Europa. Históricamente los gatos siempre han sido empleados para diezmar las poblaciones de roedores. Estos animales son excelentes cazadores y desde tiempos remotos han sido no sólo utilizados como mascotas, sino que incluso en el Antiguo Egipto llegaron a ser considerados dioses. Lamentablemente, durante el siglo XIII el papa Gregorio IX decidió acabar para siempre con la buena fama de estos animales. El pontífice declaró que los gatos eran criaturas diabólicas y que, por lo tanto, debían ser exterminados. Desde el preciso instante en que sus labios pronunciaron aquellas palabras, estos seres fueron perseguidos y su población fue diezmada considerablemente. Por ello, cuando la peste negra llegó a Europa en el siglo XIV ya no había gatos suficientes para controlar la plaga de roedores que extendía la enfermedad por el mundo.

Los gatos, en cada camada, suelen tener una media de entre 3 y 8 crías, una cantidad considerable gracias a la cual podrían aumentar su población y comenzar a combatir la plaga de roedores pero, lamentablemente, las ratas suelen tener entre 8 y 12 crías por cada nidada y además, por cada temporada, suelen tener más de una.

Durante el primer brote, los romanos pudieron controlar la enfermedad pero, durante el segundo, nadie fue capaz de hacerlo. La peste infectó y acabó con la vida de más de un tercio de la población mundial. Fue un evento tan terrible que la gente comenzó a pensar que se trataba de un castigo divino. Un castigo por todos los pecados que el hombre cometía.

La lujuria, la avaricia, la pereza, la ira, la envidia, la gula y la soberbia campaban a sus anchas por el mundo. Los hombres robaban, asesinaban y cometían todo tipo de actos abominables. Por ello múltiples familias mandaron tallar el símbolo de la cruz en la puerta de sus casas junto a las palabras: «Señor, ten piedad de nosotros», creyendo que así evitarían que sus seres queridos recibieran el castigo divino. Lamentablemente, de nada sirvieron las súplicas, pues la enfermedad no tuvo piedad alguna con la población.

Todas las ciudades del mundo sufrieron las consecuencias. Las calles se llenaros de hombres, mujeres y niños moribundos y, las montañas de cadáveres se amontonaban en todas las esquinas.

La enfermedad era terrible en todos sus aspectos pues los síntomas eran atroces: tos y expectoraciones con sangre, fiebre elevada, sangrado de distintas partes del cuerpo, aparición de bubones negros que, cuando se rompían, supuraban un líquido pestilente, manchas en la piel fruto de hemorragias cutáneas internas, gangrena en las terminaciones de las extremidades y, finalmente, una sed insaciable.

Como ya he mencionado, todas las ciudades fueron víctimas de esta enfermedad, pero Venecia fue quizás una de las que más la sufrió. La sed empujaba a los afectados a arrastrarse hasta los canales para tomar un poco de a agua y mojar sus labios pero, debido al agotamiento extremo que sufrían, se deslizaban por los tablones de madera y caían ahogándose en cuestión de minutos.

Había personas que por la mañana parecían completamente sanas, al atardecer, comenzaban a manifestar los primeros síntomas de la enfermedad, y por la noche ya estaban muertas. Ocurría todo tan deprisa que nadie sabía cómo debían proceder con la situación. ¿Cerrar los puertos? ¿Aislar ciudades? ¿Cómo iban a sustentar a la población si hacían algo así?

El gobierno ordenó cavar dos fosas comunes en las que enterrar a todas las víctimas mortales, pero pronto se dieron cuenta de que eran demasiadas y de que ya no tenían más espacio para seguir enterrando difuntos. La gente seguía suplicando clemencia por las calles y aquellos que todavía no habían caído víctimas de la enfermedad debían caminar sorteando a los moribundos. Fue entonces cuando los venecianos miraron hacia el horizonte y clavaron la vista en las islas que los rodeaban, concretamente en dos de ellas: Sant'Erasmo y Poveglia.

De la historia de Sant'Erasmo no conocemos muchos detalles pero, aun así, sabemos que ambas se convirtieron en centros para tratar de contener la enfermedad. En un principio, todos los difuntos fueron cargados en varios barcos y enviados a estas islas para ser introducidos en profundas fosas y quemados, pues se consideraba que el fuego era capaz de purificarlo todo.

Las ropas, el calzado y todo cuando hubieran tocado los difuntos se quemaba junto a sus cuerpos para evitar la propagación de la enfermedad pero, pese a ello, los casos seguían multiplicándose. Por este motivo, el gobierno veneciano decidió subir a esos mismos barcos no sólo a los difuntos sino también a los vivos que presentaran los síntomas característicos de la enfermedad. En cuanto alguien daba el aviso a las autoridades de que un hombre, mujer o niño tosía, escupía sangre, parecía tener fiebre o bebía del agua de los canales, rápidamente esa persona era apresada y enviada a la isla de Poveglia.

Muchos dicen que, cuando alguien llegaba a la isla de Poveglia, lo hacía para ser quemado vivo. Sin embargo, lo que parece ser más certero en este caso es que las personas eran separadas en dos grupos: el de los vivos y el de los muertos y moribundos. Los vivos de Poveglia quedaban aislados durante 40 días. A lo largo de este período, los médicos hacían todo lo posible por ellos. Los alimentaban, limpiaban sus heridas e intentaban que el dolor que sentían fuera el menor posible. Si tras pasar 40 días aislada una persona dejaba de presentar síntomas, ésta era enviada de nuevo a la ciudad junto a sus seres queridos pero si, por el contrario, había empeorado o ni siquiera era capaz de moverse por sí misma pasaba a formar parte del grupo de los muertos y los moribundos.

En palabras de Rocco Benedetti, cronista veneciano del siglo XVI: «Los enfermos yacían tres o cuatro en una misma cama. Los trabajadores recogían a los muertos y los arrojaban a las tumbas todo el día sin interrupción. A menudo, los moribundos y los que estaban demasiado enfermos para moverse o hablar eran tomados por muertos y arrojados vivos a los montones de cadáveres».

Sería a partir de entonces cuando la isla de Poveglia dejaría de ser conocida por su nombre original y pasaría a ser llamada La Isla Sin Retorno o La Isla de los Muertos ya que, según varios cronistas, gran parte del suelo de la isla llegó a estar únicamente formado por restos humanos.

Pronto los pescadores comenzaron a notar que los peces ya no nadaban cerca del enclave y, cada vez que lanzaban sus redes junto a las costas de Poveglia, quedaban enredados en ellas gran cantidad de huesos y objetos que antaño debieron de pertenecer a las víctimas de la peste. Por ello, poco a poco comenzó a surgir la oscura leyenda de estas tierras. Una leyenda que decía que este paraje estaba maldito por las almas de aquellos que allí perecieron.

Pese a las habladurías, la república veneciana, una vez controlada la enfermedad, hizo todo lo posible por deshacerse de las leyendas. Poveglia seguía siendo un lugar precioso así que intentaron por todos los medios repoblarla. El primer intento oficial se llevó a cabo en 1527, momento en los que el gobierno quiso entregar las tierras a la orden religiosa de los monjes camaldulenses, pero éstos no aceptaron. Por ello en 1661 el gobierno llevó a cabo su segundo intento, esta vez ofreciendo estas tierras a los descendientes de aquellos que antaño habitaron la isla, pero éstos tampoco aceptaron.

En 1777, ante la negativa de la población de volver a poblar el lugar, el Magistrado de Salud decidió convertir la isla en un puesto de control marítimo. Cualquier barco que pretendiera atracar en el puerto de Venecia con la intención de comerciar, antes debía pasar por Poveglia para ser sometido a rigurosos exámenes. Debían mostrar su cargamento, decir de dónde venían y permitir que todos sus tripulantes fueran examinados para ver si tenían síntomas de algún tipo de enfermedad.

Durante años, la funcionalidad de la isla fue de gran utilidad. Los barcos atracaban, presentaban sus informes y seguían con su recorrido habitual. Parecía que por fin Venecia podría deshacerse de la leyenda negra de Poveglia cuando, de súbito, en 1790, dos barcos no pasaron el control. Entre la tripulación había varios marineros infectados de peste negra, así que Poveglia durante los siguientes 10 años volvió a cerrarse a cal y canto para convertirse una vez más en lugar de cuarentena.

A principios del siglo XX, concretamente en el año 1932, el gobierno ordenó la construcción de un hospital psiquiátrico en la isla de Poveglia. La isla no había logrado dejar atrás su mala fama y ya nadie osaba acercase a ella. Por ello, el gobierno decidió utilizar su fama para construir un complejo psiquiátrico.

Poveglia era un lugar apartado y solitario totalmente ajeno al mundo exterior, de este modo se aseguraba a los expertos que los enfermos mentales se hallarían en un entorno seguro y que les resultaría complicado escapar. Por otro lado, al tratarse de una isla completa permitía a los arquitectos crear un complejo con todas las comodidades necesarias tales como un edificio central con las salas pertinentes para llevar a cabo en ella todo tipo de tratamientos e intervenciones, una iglesia y un campanario.

La teoría era perfecta pero la práctica fue otra muy distinta, ya que más pronto que tarde, los enfermos comenzaron a contar historias perturbadoras.

«El viento arrastra lamentos», dirían algunos.

«En la oscuridad de los pasillos pueden verse figuras que, al prender la luz, desaparecen», declararían otros.

La leyenda cuenta que, al caer el sol, una extraña niebla cubría toda la isla y que cuando te dejabas atrapar por ésta te sumergías en una pesadilla viviente. Gran cantidad de lamentos envolvían todo tu ser y, por el rabillo del ojo, comenzabas a ver pasar las sombras de aquellos que una vez perecieron en Poveglia.

En las noches más oscuras, los pasillos eran recorridos por almas torturadas pero, por supuesto, ninguno de los médicos creía a los enfermos. Todos los pacientes del hospital tenían problemas mentales y, por ello, estaban convencidos de que todas aquellas experiencias eran fruto de sus mentes perturbadas. Por consiguiente, cuando los pacientes comenzaron a asegurar estar siendo utilizados como conejillos de indias por algunos doctores, tampoco nadie los creyó.

Poveglia estaba aislada y, para entrar y salir de ella, era necesario ir en barco. Esta situación convertía a todo aquel que se encontrara en el interior de la isla en un blanco fácil para ser sometido a tratamientos tan atroces como lo eran el electroshock, las lobotomías o el coma insulínico. Fueron tantas las torturas que supuestamente llegaron a cometerse en la isla que, finalmente, esta información acabó llegando a oídos del mundo exterior.

Cuando el gobierno se percató de esta información decidió clausurar el centro y dio órdenes a su director para que tomara las medidas pertinentes. Fue en aquel momento cuando aconteció uno de los eventos que convirtieron esta leyenda en la protagonista de las pesadillas de miles de personas. Y es que el director, viendo que su reputación quedaría manchada para siempre, se subió a la torre del campanario y se lanzó al vacío.

Algunas versiones dicen que esta muerte no fue un verdadero suicidio sino, más bien, un asesinato. Que algo o alguien le obligó a saltar o que incluso le empujó. La leyenda, además, cuenta que la caída no fue la auténtica causante de la muerte de este hombre sino la niebla. Una niebla que rodeó su cuerpo una vez en el suelo y le arrancó el alma como castigo por todo el dolor al que había estado sometiendo a los enfermos durante años.

El tiempo pasó y se dice que una familia adinerada de apellido desconocido, en torno al año 1960, decidió adquirir la isla para construir allí una casa de veraneo. El lugar era perfecto para ellos. Debido a la leyenda negra de Poveglia ya nadie osaba acercarse a la isla y ello la convertía en la tierra tranquila y silenciosa que andaban buscando.

Sin embargo, tras pasar una noche en el lugar, decidieron recoger sus cosas y no regresar jamás. Algunos dicen que su hija fue atacada por una fuerza invisible que desfiguró su rostro por completo, otros que la niebla se encargó de mostrarles todo el sufrimiento que ocultaba la isla y, unos pocos dicen que en realidad no llegaron a experimentar nada, pero que bastó una noche para que se cercioraran de que la tierra no les pertenecía a ellos, sino a la muerte.

Sea como sea, en el año 1968, la isla volvió a quedar totalmente desocupada y, una vez más, el gobierno hizo todo lo posible por buscar un nuevo propietario.

Mientras encontraban a alguien que se atreviera a vivir en ella, diversos agricultores probaron a sembrar en sus costas. Durante el día navegaban hasta la isla y cuidaban de sus huertos pero, al caer la noche, subían a los botes y regresaban a tierra firme para evitar que, al despertar, los muertos reclamasen las cosechas como suyas.

Al llegar la década de los noventa, el gobierno decidió volver a especular con la isla. Necesitaba a toda costa darle una utilidad y, por ello, la puso a disposición del pueblo.

En el año 1997, una asociación presentó un plan para que la isla se convirtiera en un albergue juvenil pero, sin saber muy bien por qué, la cosa no salió bien. Seis años más tarde, en 2003, la isla se volvió a poner en venta para construir en ella un fastuoso complejo turístico pero, una vez más, los planes se truncaron.

Quizás la operación más importante fue la que se llevó a cabo el 13 de mayo de 2014 puesto que entonces la isla fue adquirida por valor de 513000 euros por un empresario llamado Luigi Brugnaro. En sus propias palabras: «Como veneciano, he participado para garantizar que la isla de Poveglia permanezca en la ciudad y abierta a todos. Tenemos una isla, es nuestra y la gestionamos; el alcalde será el primero en ser preguntado en nombre de la comunidad. Cualquier persona con ideas se pondrá en condiciones de trabajar».

Por desgracia, y aunque su intención fuera buena, el Comité de Propiedad del Estado consideró que su oferta era incongruente y, en consecuencia, el empresario decidió apelar esta decisión. La última noticia oficial que se tiene con respecto al destino de la isla es que en 2015 la propiedad volvió a salir a subasta para convertirse en un lugar de interés público como podía serlo una universidad.

No queda claro el destino de la isla, pero lo que sí sabemos en la actualidad es el impacto que ha causado su historia en la sociedad. De hecho, en el año 2010, el director Martin Scorsese presentó al público una película titulada *Shutter Island* basada en la novela del mismo nombre y la cual, según numerosos aficionados al mundo sobrenatural, podría haberse inspirado en las leyendas de la isla de Poveglia.

Mientras estudiaba la historia del enclave rondaron por mi mente gran cantidad de preguntas. Aun así la que indudablemente más se repitió fue: «¿Habrá alguna forma de acceder a la isla en la actualidad?» y, para mi sorpresa, la respuesta fue afirmativa. Multitud de fuentes consultadas aseguraban que era una tarea imposible; que el gobierno veneciano había prohibido el acceso a los turistas desde tiempos inmemoriales, pero tras realizar una búsqueda exhaustiva, descubrí que esto no era del todo cierto.

Existen dos modos de acceder a la isla. El primero es pidiendo un permiso especial al ayuntamiento de Venecia. Este permiso debe pedirse en el caso de querer realizar algún programa de televisión en la isla como lo hizo *Cazadores de fantasmas* en el año 2019. El segundo modo de acceder es a través de un tour privado, y cabe decir que, al menos los que yo pude encontrar, no eran precisamente económicos.

Aun así, quien pueda conseguir adentrarse en este paraje debe hacerlo bajo su propia responsabilidad. Poveglia ya no es lo que antaño fue. De su tierra ya no emergen infinidad de frutos y en las aguas que la envuelven ya no nadan los peces que en otros tiempos todos podían pescar.

Todo aquel que se ha atrevido a pisarla asegura que su aire es espeso, que en sus árboles ya no cantan las aves. Psíquicos procedentes de todos los rincones del mundo, tras acudir a este enclave, han asegurado que nunca más volverán a hacerlo. Cuentan que los aparatos electrónicos se descargan completamente en cuanto cae el sol, que la niebla tiene vida propia y que todavía hoy pueden escucharse los lamentos de aquellos que perdieron su vida en este lugar.

PARA SABER MÁS

www.affinity-petcare.com/es/los-gatos-en-la-historia-europea

https://hdnh.es/historia-poveglia-isla-maldita/

www.povegliapertutti.org/wp/wp-content/uploads/2015/06/LetteraIntenti-esp.pdf

www.codem.es/Adjuntos/CODEM/Documentos/Informaciones/Publico/9e8140e2-cec7-4df7-8af9-8843320f05ea/3fea1ea3-5c50-4957-abaf-a1a4cd038e91/88ae5efb-1d7d-4c9e-8354-ca2d48cb4f51/88ae5efb-1d7d-4c9e-8354-ca2d48cb4f51.pdf

www.lavocedivenezia.it/luigi-brugnaro-e-lacquisto-di-poveglia-nessun-albergo-sullisola/

www.getyourguide.es/murano-l1582/venecia-tour-de-historia-embrujada-de-poveglia-t285517/

https://escapandodelacaverna.com/2014/09/05/poveglia-comprarias-una-isla-con-cien-mil-cuerpos/

ANCIENT RAM INN

Descubrí esta historia navegando en Internet hace años. Recuerdo que, por aquel entonces, estaba obsesionada con encontrar pruebas de que el mundo sobrenatural era cierto y no una ilusión. Quería saber si las casas encantadas que aparecían en los libros y en las películas eran reales o producto de la imaginación de escritores y guionistas. Fue entonces cuando descubrí la rectoría de Borley, la mansión Lemp o el Palazzo di Ca Dario.

Todos aquellos rincones tenían historias muy interesantes pero, en la actualidad, se habían convertido en simples leyendas. Tan sólo eran una sombra de lo que antaño fueron. Sus fantasmas parecían haber desaparecido.

Soñaba a todas horas con pasar una noche en un lugar embrujado. Con ver con mis propios ojos los horrores que se escondían en el infierno, si es que éste existía. Y justo cuando estaba a punto de rendirme apareció un anunció en Google que me dejó perpleja.

Recuerdo estar sentada frente a mi escritorio, dando pequeños sorbos a una taza de té rojo. Estaba a punto de reservar una noche en un supuesto hotel embrujado cuando, de pronto, apareció un artículo que hablaba de la posada «más embrujada del mundo»: Ancient Ram Inn. Recuerdo haber reído por lo bajinis y haber pensado que debía de ser una broma de mal gusto. Nunca antes había oído hablar de aquel lugar así que, probablemente, se trataba del nombre del algún *escape room* o de una nueva película de terror que se estrenaría en breve.

Para ser sincera, en primera instancia, no tenía la intención de hacer clic en aquel *link*, pero las imágenes que aparecían en portada me llamaron la atención. No parecía ser la típica casa embrujada pues, aparentemente, parecía una posada inglesa arquetípica, pero las apariencias engañan.

Eventos poltergeist, apariciones completas, neblinas, ataques físicos, posesiones demoníacas, un pasado sangriento y oscuro… Aquel lugar lo tenía todo y me enamoré de él hasta el punto en el que me encerré en mi cuarto para leer sobre Ancient Ram Inn durante todo un fin de semana. Recuerdo haber hecho planes con mis amigos para ir a la playa e incluso para acudir a una barbacoa, pero ese lugar llamó tanto mi atención que no podía parar de leer sobre él.

«¿Será cierto?», me preguntaba una y otra vez. «¿Será una simple estrategia publicitaria?». Las dudas inundaban mi mente a cada momento pero, cuanto más leía sobre el Ancient Ram Inn, más creía en su historia y más ganas tenía de pasar una noche en una de sus habitaciones. Por ello no he podido evitar dedicarle estas páginas ya que estoy convencida de que, en cuanto leáis esta historia, sentiréis lo mismo que yo.

Ancient Ram Inn es una antigua construcción que se encuentra ubicada en el pueblecito inglés de Wotton-under-Edge, en el condado de Gloucestershire. Se dice que el edificio fue construido en 1145, año en que el hijo del primer kord Berkeley, William FitzRobert, se convirtió en el primer rector de Wotton-under-Edge. A partir de entonces éste llegó a ser uno de los edificios laicos más importantes del pueblo, pues serviría como la casa del sacerdote y una «casa de cerveza inglesa», es decir, el lugar donde llevarían a cabo las celebraciones de la iglesia de St. Mary the Virgin.

Con el pasar del tiempo Ancient Ram Inn cobró más y más importancia ya que, cuando en el siglo XIII hubo que construirse dicha iglesia, se empleó el edificio para dar cobijo a los artesanos que trabajaron en ella. Es a partir de aquí cuando la leyenda y la historia se entrelazan entre sí de un modo muy siniestro. Y es que algunas fuentes aseguraban que los trabajadores tenían que hacer frente a duras condiciones de trabajo. El clima inglés, como todos sabemos, es muy cambiante. Las temperaturas bajan sin previo aviso y el cielo se llena de nubes tormentosas en un abrir y cerrar de ojos. Algunos han insinuado que las personas que vivían en Ancient Ram Inn se encontraban en una situación que rozaba la esclavitud pero, como cabría de esperar, no se ha podido demostrar tal cosa. Lo que sí sabemos de cierto es que bajo la chimenea del bar principal se encuentra un túnel secreto que va desde la posada hasta la iglesia, lo cual facilitaría las cosas a los artesanos que allí vivían.

Según la leyenda, un túnel más se abriría paso a través de esa misma chimenea, pero éste ya no unía la construcción con la iglesia local sino con la abadía de Lacock. Una pizca más de horror se añade a esta mezcla y es que, como cabría de esperar, las personas que trabajaban en la construcción de la iglesia, en ocasiones, recibían la visita de sus seres queridos, algunos de los cuales tenían muy mala vida: ladrones, asesinos y prófugos de la justicia. Por ello, les ayudaban a esconderse en el desván de la construcción, el conocido con el nombre de «Desván de la Tejedora».

Tras cometer sus fechorías, los criminales se escondían durante días y, cuando sentían que la justicia estaba cerca, se metían en la chimenea y huían atravesando los pasadizos secretos.

En este punto muchos os preguntaréis: «¿Acaso es tan grande esta posada como para dar cobijo a tantos trabajadores e incluso esconder túneles?», y la respuesta es no. Actualmente, la construcción no sería capaz de esconder tantos secretos pero, al parecer, según unos antiguos mapas encontrados en el archivo histórico del pueblo, antaño su tamaño era tres veces mayor que el actual.

En 1930, un hombre llamado Maurice de Bathe adquirió la construcción y la convirtió en una propiedad privada. Su intención era transformarla en una posada clásica, dar cobijo a viajantes, ofrecer comida y bebida y que fuera un centro de ocio local. Lo que él no sabía es que tras adquirirla ésta iría pasando de mano en mano, pues nadie sería capaz de aguantar allí mucho tiempo.

La gente del pueblo, desde tiempos remotos, siempre habló de Ancient Ram Inn como si fuera un lugar malévolo. Hablaban de fantasmas y de sombras pero, sobre todo, decían que bajo sus cimientos descansaba un antiguo cementerio pagano de más de 5000 años de antigüedad. También se decía que allí se llevaron a cabo sacrificios tanto de animales como de niños pero eso, en un principio, sólo eran habladurías. Invenciones que las malas lenguas divulgaban para dar mala fama al edificio -o eso querían sus nuevos propietarios.

Existía una leyenda que, desde hacía siglos, acompañaba este enclave y la cual dio inicio a una serie de historias relacionadas con los fantasmas de la posada. En los albores de 1500, una mujer oriunda de Wotton-under-Edge fue acusada de brujería. Alice, que así se llamaba, era inteligente, siempre se mostraba dispuesta a ayudar a los demás, pero cuando ella necesitó ayuda prácticamente nadie se la brindó. Sin previo aviso, uno de sus vecinos la acusó de tener un pacto con el Diablo, así que los inquisidores llamaron a su puerta y la invitaron a confesar.

La justicia de aquellos tiempos le ofreció dos opciones: la primera era confesar que era una bruja, disculparse públicamente y abrazar el cristianismo y, la segunda, negarlo todo y morir en la hoguera. Muchos pensaríamos que la opción correcta era confesar para así librarse de una muerte segura pero, creedme, ambas opciones implicaban un fatal desenlace. Si negabas ser una bruja, morías ante la atenta mirada de tus vecinos y si lo admitías y pedías perdón, el mundo que conocías desaparecía para siempre. Ninguno de tus amigos, familiares y vecinos volvería a dirigirte la palabra. Te quedarías sin casa, sin trabajo y te verías obligado a mendigar por las calles hasta el fin de tus días. Si tenías suerte, antes de que ocurriera todo eso, una turba enfurecida, en mitad de la noche, se colaría en tu casa, te sacaría de la cama y a rastras te llevaría a una hoguera improvisada donde te quitarían la vida al son de gritos tales como «¡Que arda!» o «¡Es una bruja! ¡Merece morir!».

Volviendo a nuestro relato, se dice que la mujer dudó unos instantes. No sabía qué opción elegir y decidió idear una tercera: la que implicaba huir en busca de la libertad. Durante varios días el pueblo entero la buscó sin cesar. Vigilaron su casa día y noche, preguntaron a sus amigos y familiares, rebuscaron incluso por debajo de las piedras y, finalmente, alguien aseguró haberla visto asomada a una de las ventanas del Ancient Ram Inn, el escondite de los malhechores.

Dependiendo de la fuente consultada, la mujer estaba haciendo una cosa u otra. Algunas dicen que se estaba peinando, otras que simplemente estaba escondida detrás de las cortinas y después están aquellas que sostienen que la mujer miraba hacia la calle con los ojos rojos e hinchados de tanto llorar pero, sea como sea, alguien la delató y una turba enfurecida la sacó de la posada y la arrastró hasta una hoguera improvisada que levantaron justo en la puerta de aquel antiguo edificio.

Desde entonces la habitación en la que se escondió esta mujer recibió el nombre de «la habitación de la bruja». Las malas lenguas decían que allí, todas las noches, se aparecía una figura femenina a los pies de la cama. También decían que se dejaban ver extrañas neblinas, sombras, y que, si te quedabas mirando mucho rato a la ventana, un rostro pálido y demacrado se acababa dibujando en el cristal. También se rumoreaba que, a altas horas de la madrugada, podías escuchar lamentos, susurros y conjuros pronunciados por una voz femenina.

«Esto no eran más que leyendas», imagino que estaréis murmurando al tiempo que leéis. Espero que estéis cómodamente sentados en un sillón, pues lo que voy a contaros a continuación os helará la sangre y disipará toda duda de vuestras mentes, y es que existe un modo de saber si un lugar puede estar o no embrujado y éste consiste en analizar el curso de las líneas ley.

Las líneas ley son las alineaciones de diferentes enclaves de interés histórico y geográfico, como lo son los monumentos históricos y las elevaciones del terreno. Supuestamente dichas alineaciones marcan los puntos clave a través de los cuales fluye energía espiritual, algo que los antiguos druidas y sacerdotes conocían a la perfección. De hecho, podemos ver que hay líneas que van desde el mismísimo Stonehenge hasta otros puntos que supuestamente presentan una gran actividad paranormal.

En el caso del Ancient Ram Inn, si cogemos un mapa y comenzamos a trazar líneas rectas entre monumentos, nos damos cuenta de que la construcción se encuentra justamente en la intersección entre varias líneas ley, lo cual explicaría por qué la actividad paranormal allí podría ser tan elevada.

Tras años y años sirviendo como posada, Ancient Ram Inn volvió a ponerse a la venta. La construcción, por aquel entonces, estaba muy deteriorada. Sus muros se venían abajo y las humedades de su interior amenazaban con devorar todo a su paso. Por ello, la intención de los dueños de la propiedad no era vender la posada para que alguien la restaurase sino, más bien, para que la echaran abajo y construyeran un edificio nuevo sobre los terrenos. Lamentablemente no contaban con que un enamorado de las antigüedades hiciera una oferta y le devolviera la vida a la posada legendaria.

En 1968, John Humphries se enamoró del Ancient Ram Inn. Era un padre de familia aficionado a las antigüedades y a los edificios con historia y, por ello, tras hablar largo y tendido con su esposa, decidió hacer una oferta y convertirse en el nuevo propietario de la posada de Wotton-under-Edge. Su idea no era derruir el edificio y construir otro sobre el terreno, sino restaurar la posada y devolverle la vida que antaño tuvo.

Invirtió todos sus ahorros en hacer su sueño realidad: repintó las paredes, restauró el mobiliario, acondicionó las diferentes habitaciones… Pero, por desgracia, tras realizar varias remodelaciones, alteró el curso del agua que circulaba por debajo de la construcción. Esto en un principio no sería un problema de no ser porque el agua, según los expertos, transporta la energía de un lado a otro. Al cambiar el rumbo de ésta se produjo un choque bajo los cimientos de la construcción y se abrió una grieta por la cual comenzaron a entrar todo tipo de entidades demoníacas.

Algunos dicen que esas entidades ya estaban en la casa, pero que durante largo tiempo permanecieron dormidas. Sin embargo, las remodelaciones removieron todas esas energías y las devolvieron a la vida por lo que, al despertar de nuevo, tenían claro que iban a perturbar la paz de sus habitantes.

John, desde el primer instante, sintió una fuerte conexión con Ancient Ram Inn. Creyó que su misión en la vida era salvarlo del paso del tiempo y preservarlo de tal modo que fuera eterno. Por desgracia ese sueño le saldría caro, y ya no sólo porque invirtió en él hasta su último centavo, sino porque las fuerzas malignas que vivían en su interior no se lo pusieron nada fácil.

Se dice que la primera noche que él y su familia durmieron allí una fuerza invisible le agarró del brazo y lo sacó de la cama lanzándolo hacia el otro extremo de la habitación. El sonido de siniestros susurros y pasos incorpóreos se apoderaba a todas horas de los pasillos y de las habitaciones, y cada vez que alguien intentaba sacar una fotografía a alguno de los rincones acababa captando extrañas sombras en movimiento y neblinas. Los propios hijos de John comenzaron a temer a la construcción y a asegurar que podían sentir que, fueran a donde fueran, e hicieran lo que hicieran, estaban acompañados por seres invisibles.

Por supuesto, como sucede en todas las buenas historias de fantasmas, la familia Humphries hizo todo lo posible por liberar a Ancient Ram Inn de su maldición: llamaron a exorcistas, intentaron purificar el edificio con inciensos y agua bendita, leyeron la Biblia a todas horas… Pero, por más que lo intentaran, nada parecía funcionar. La posada tenía vida propia y se negaba a volver a quedarse dormida.

Tras haber invertido todos sus ahorros en ella los Humphries decidieron volver a emplearla como posada. La convirtieron en el típico *bed and breakfast* inglés; alquilar sus habitaciones por un módico precio y ofrecer una buena experiencia a sus huéspedes, pero nadie era capaz de pasar una noche entera en el Ancient Ram Inn. La gente pagaba el hospedaje, se metía en la habitación que le había sido asignada y, a las pocas horas, salía corriendo por la puerta para no volver jamás.

Fueron muchos los que dejaron sus pertenencias dentro de la posada y que nunca más volvieron a buscarlas y, por ello, el lugar fue cobrando peor fama si cabe. Si antes las leyendas inundaban el pueblo de Wotton-under-Edge, ahora se centraban en una única construcción y el pan de una familia comenzaba a estar en juego; por ello el matrimonio Humphries empezó a tener problemas. Las discusiones entre ellos se convirtieron en su nueva rutina y, poco a poco, su relación se fue deteriorando hasta el punto en que decidieron tomar caminos separados.

La esposa de John recogió sus cosas y dejó la posada y él, negándose a abandonar su sueño, continuó allí hasta el fin de sus días. No quería abandonar su proyecto así que decidió descubrir por sí mismo el motivo por el cual su amada posada estaba tan embrujada. ¿Todo esto era sólo por las líneas ley? ¿Era por el cambio en el rumbo del agua o es que acaso las leyendas sobre el edificio eran ciertas?

Una de las historias que los habitantes de la zona repetían sin parar es que bajo los cimientos de Ancient Ram Inn se encontraba un cementerio pagano de más de 5000 años de antigüedad. También se comentaba que allí antiguamente se realizaron sacrificios humanos así que, según dicen, John agarró una pala y empezó a cavar y, sorprendentemente, a un par de metros de profundidad, comenzaron a aparecer esqueletos humanos algunos de los cuales tenían dagas incrustadas en la cavidad torácica. Obviamente, John Humphries informó sobre sus hallazgos a las autoridades y durante las siguientes semanas se organizaron excavaciones por toda la propiedad sacando a la luz alrededor de 50 esqueletos humanos.

Las excavaciones pudieron haber continuado, pero John se negó a permitirlo. Si continuaban excavando se vería obligado a tirar abajo una parte de la construcción y no quería eso, así que canceló todo y siguió adelante con su vida. Pensó que lo mejor que podía hacer era investigar los fenómenos paranormales que allí acontecían, así que comenzó a invitar a equipos de investigación paranormal para que analizaran cada rincón de la propiedad, y cabe decir que éstos obtuvieron datos muy interesantes: se captaron psicofonías, en múltiples fotografías aparecían orbes, neblinas y sombras, y los medidores de campos electromagnéticos se volvían locos en diferentes puntos de la casa. Pero lo peor de todo eran los ataques. Decenas de personas aseguraban ser atacadas por fuerzas invisibles y muchos de los investigadores experimentados que acudían a Ancient Ram Inn se vieron obligados a visitar la iglesia de St. Mary the Virgin en busca de ayuda espiritual, pues alegaban haber quedado poseídos por fuerzas demoníacas.

Algunas de las áreas más embrujadas del complejo son las siguientes:

La primera sala que debemos visitar es la llamada «cocina de los hombres». Las leyendas cuentan que en esta estancia unos bandoleros asesinaron a una mujer y que, desde entonces, su espíritu se ha quedado allí atrapado. Por ello su voz suele susurrar en el oído de todo aquel que se cruza en su camino al igual que también pueden escucharse los llantos de los bebés que aquí fueron sacrificados en honor al Diablo.

Otro de los lugares más aterradores es la «habitación del obispo» y, tal y como indica su nombre, a altas horas de la noche se aparece allí el espíritu de un clérigo. Algunas fuentes dicen que ésta era la habitación que antaño se destinaba a los sacerdotes de la iglesia de St. Mary the Virgin y que por ello se aparece el fantasma de un religioso, pero otras intentan dar un toque más siniestro a la leyenda especulando que quizás un monje pudo quitarse la vida allí siglos atrás. Sin embargo, en contraposición con la figura, dentro de la construcción también suele aparecerse un macho cabrío con las pezuñas erguidas, lo cual es una clara alusión al demonio.

«¿Será el religioso una manifestación positiva o un engaño más de los demonios que se esconden en Ancient Ram Inn?», os preguntaréis. Desgraciadamente, por el momento, nadie ha conseguido responder a esta pregunta. Tampoco nadie ha logrado explicarse por qué otra de las entidades más recurrentes de la posada es un centurión que, montado a caballo, atraviesa las paredes asustando a los huéspedes que se encuentran medio dormidos en sus camas.

La «habitación del obispo» es quizás una de las áreas más activas de toda la casa, pues en su interior acontecen todo tipo de fenómenos paranormales: lanzamiento de objetos, psicofonías, fríos inexplicables y ataques físicos tremendos. De hecho, se dice que en su interior hay demonios íncubos y súcubos, los cuales agreden sexualmente a sus víctimas mientras éstas duermen. Por esta razón se recomienda que sólo los investigadores más experimentados se registren en dicho lugar, pues esta clase de emociones no son fácilmente soportables.

Otro de los rincones más embrujados de Ancient Ram Inn es su granero, el popularmente llamado «Mayflower». Este enclave se ubica cerca de la carretera y es uno de los lugares –por no decir el principal– donde supuestamente se llevaron a cabo las excavaciones. Muchos visitantes han asegurado haber sido atacados allí por seres invisibles y uno de ellos fue el nieto de John Humphries quien, tras intentar realizar una ouija allí, fue lanzado por los aires y acabó chocando contra una pared. Se dice que antiguamente este granero fue un establo y mucha gente ha explicado que fue golpeada y pateada fuertemente por entidades invisibles cuya fuerza era similar a la de un caballo.

Por supuesto no podemos olvidar la «habitación de la bruja» y el oscuro «desván de la tejedora», donde dicen que todas las noches se escucha el arrastrar de pesados objetos y la voz de una chica llamada Elizabeth. La «habitación del obispo» se ubica justo debajo de este desván y todo aquel que ha pasado allí la noche asegura que Elizabeth no para de dar vueltas y de hablar sola. La leyenda cuenta que esta joven fue la hija del hombre que regentó la posada en los albores del siglo XVI y que, en cierto momento, un criminal la arrastró hasta el desván y la asesinó. Por ello su alma no halla descanso y da vueltas y vueltas en busca de un consuelo que tampoco es capaz de encontrar.

Como habéis podido comprobar, son muchas las entidades que supuestamente habitan en Ancient Ram Inn; entidades tristes, solitarias, rencorosas, violentas y rodeadas de misterio. De hecho, se especula que podría haber aproximadamente veinte entidades escondidas en los cimientos de esta histórica posada y entre ellas también se encontrarían los espíritus de dos asesinos, uno de los cuales intenta estrangular a los vivos que se sientan junto a la chimenea.

Pero no todo en Ancient Ram Inn es negativo pues se dice que allí también se encuentran espíritus de luz. Uno de ellos es una joven sacerdotisa llamada Rosie y otro, una anciana que recibe el nombre de Mary Ann. Se dice que esta mujer podría ser la primera propietaria del edificio y aseguran que se dedica a proteger a los huéspedes de los ataques de algunas entidades demoníacas. De hecho, salió varias veces en defensa de los miembros de la familia Humphries.

John vivió en la construcción hasta el fin de sus días. Amaba profundamente la posada y se negó a abandonarla pese a que, en cierto momento, tuvo que conseguir una caravana, aparcarla en el terreno y vivir en su interior, pues dormir en el edificio le resultaba una tarea imposible. Si quería pasear por los pasillos o entrar en alguna habitación en concreto tenía que llevar siempre encima una Biblia y, con el pasar de los años, su cuerpo dejó de resistir los ataques del mismo modo en que lo hacía cuando era más joven.

En Ancient Ram Inn se manifestaban los tres distintos niveles de poltergeist a veces al mismo tiempo y, por ello, muchos expertos aconsejaron a John que abandonara el lugar. Sin embargo, él jamás lo hizo, y en 2017 falleció deseando que la construcción siguiera en pie por muchos años.

Durante largo tiempo deseé pasar una noche en el lugar para comprobar por mí misma si su leyenda negra era cierta pero, por desgracia, hasta la noche en que escribo estas líneas no he tenido oportunidad de hacerlo.

Tras la muerte de John Humphries se suspendieron temporalmente las reservas y después todo fue un caos. Cada página que consultaba decía una cosa distinta: que el edificio ya no funcionaba como posada, que los tours eran de grupos grandes y, finalmente, también se comentaba que no valía la pena visitarlo, pues los eventos no eran tan impresionantes como aseguraban las leyendas. Sea como sea, sé que algún día visitaré Wotton-under-edge y, aunque no pueda dormir allí, entraré en la famosa posada y veré con mis propios ojos si ha valido la pena soñar durante tantos años con pisar la misteriosa posada Ancient Ram Inn.

PARA SABER MÁS

https://laexuberanciadehades.wordpress.com/2018/10/17/ancient-ram-inn-la-posada-encantada/

www.dailymail.co.uk/news/article-2478232/Ancient-Ram-Inn-Britains-haunted-B-B-terrified-guests-jumped-windows.html

www.ghostclub.org.uk/ram.htm

ÍNDICE